No.136

どこから始めたらいいかわからないエレクトロニクス1年生に贈る

# 電気の単位から！
# 回路図の見方・読み方・描き方

CQ出版社

# トランジスタ技術 SPECIAL No.136

## 特集　電気の単位から！ 回路図の見方・読み方・描き方
監修　宮崎 仁

| | | |
|---|---|---|
| Introduction | **一流目指してスタートダッシュ！** ……………………………………………… | 4 |
| 第1章 | 素子・部品の特性や使い方がわかる！<br>**回路図記号のマメ辞典**　今関 雅敬 ………………………………………… | 6 |

■ 1. 抵抗 …………………………………………………………………………………… 6
　固定抵抗，可変抵抗
■ 2. コンデンサ ………………………………………………………………………… 8
　固定コンデンサ（セラミック／フィルム／マイカ），電解コンデンサ
**Column 1** 誘電体と誘電率
　可変容量コンデンサ（バリコン，トリマ・コンデンサ）
■ 3. インダクタ ………………………………………………………………………… 12
　固定インダクタ（コイル），トランス
■ 4. ダイオード ………………………………………………………………………… 14
　一般用ダイオード，ツェナ・ダイオード，可変容量ダイオード（バリキャップ）
**Column 2** ツェナ降伏とアバランシェ降伏
　定電流ダイオード（CRD）
■ 5. トランジスタ ……………………………………………………………………… 16
　NPN トランジスタ，PNP トランジスタ
**Column 3** トランジスタの応用例
　N チャネル JFET（接合型 FET），P チャネル JFET（接合型 FET），デプリーション型 N チャネル MOSFET，デプリーション型 P チャネル MOSFET，エンハンスメント型 N チャネル MOSFET，エンハンスメント型 P チャネル MOSFET
■ 6. サイリスタ ………………………………………………………………………… 22
　サイリスタ，トライアック／ダイアック
■ 7. 光デバイス ………………………………………………………………………… 23
　フォトダイオード／フォトトランジスタ，CdS セル，LED（Light Emitting Diode），フォトカプラ（フォトトランジスタ出力），フォトカプラ（フォトダイオード出力），フォトカプラ（電圧出力），フォトカプラ（CdS セル出力）
■ 8. 保護部品 …………………………………………………………………………… 27
　バリスタ
**Column 4** バリスタとシリコン保護素子
　ヒューズ／ブレーカ
■ 9. 温度センサ ………………………………………………………………………… 29
　サーミスタ，熱電対
■ 10. リレー ……………………………………………………………………………… 30
　電磁リレー，SSR
**Column 5** 接点の種類と呼び方
■ 11. 各種 IC …………………………………………………………………………… 32
　OP アンプ，3 端子レギュレータ，アナログ・スイッチ，ロジック・ゲート IC
■ 12. スイッチ …………………………………………………………………………… 36
　トグル・スイッチ／スライド・スイッチ／プッシュ・スイッチ，ロータリ・スイッチ
■ 13. マイクロフォン／スピーカ ………………………………………………… 37
　マイクロフォン，スピーカ
**Column 6** エレクトレット・コンデンサ・マイク
■ 14. 電源／配線 ……………………………………………………………………… 39
　電源／接地記号，配線／バス

| | | |
|---|---|---|
| 第2章 | 電子回路設計の現場でよく使われている！<br>**回路図のお供に！ 電気の単位と定数**　藤田 雄司 …………………………… | 41 |

■ 1. 単位系の基本 …………………………………………………………………… 41
●2種類ある…「基本単位」とそれらを組み合わせた「組立単位」
**Column 1** 電流だけじゃなく「電圧」と「抵抗」も基本単位ならスッキリしていいのに
●エレクトロニクスで使う単位
　電圧［V］，電流［A］，抵抗［Ω］，電気量［C］，磁束［Wb］，インダクタンス［H］
**Column 2** 問題です…電圧源は電池みたいなもの．では電流源は？
■ 2. 接頭語 ……………………………………………………………………………… 45
**Column 3** 数式は電子回路の性質やふるまいを語ってくれる

# CONTENTS

表紙/扉デザイン　ナカヤ デザインスタジオ（柴田 幸男）
本文イラスト　神崎 真理子

■ 3. 抵抗やコンデンサの定数の表し方 ………………………………… 45

**第3章** アナログ回路を速く正確に設計するための三種の神器！
**知っておきたい電気回路の三大法則**　藤田 雄司 …………… **50**
　■ 1. オームの法則 ………………………………………………… 50
　**Column 1** 法則は発見者が広く提唱することで成立する
　■ 2. キルヒホッフの法則 ………………………………………… 51
　■ 3. 鳳-テブナンの定理 ………………………………………… 52
　**Column 2** アイデアの源泉！ プロは「トラブルとクレーム」が大好物

**Appendix 1** カットオフ周波数，共振周波数，特性インピーダンス，伝播遅延時間
**数式便利帳**　藤田 雄司 ……………………………………… **53**

**Appendix 2** 「アンプのゲインは1000倍です」って言ったらモグリの可能性あり
**電気の常識 dB の基本**　藤田 昇 ………………………… **55**
　**Column 1** サッと dB ⇔ 倍率変換できたらプロの仲間入り
　**Column 2** 予期せぬどんな以上事態にも備えてこそプロ中のプロ

**第4章** 世界中のエンジニアが知っている！
**回路図の描き方コモンセンス**　黒田 徹 / 馬場 清太郎 / 下間 憲行 …… **60**
　■ 1. 配線図のルール …………………………………………… 60
　■ 2. 回路図記号のルール ……………………………………… 68
　**Column** ルールに則った美しい回路のメリット
　■ 3. 補足解説のルール ………………………………………… 77
　■ 回路図記号一覧 ……………………………………………… 80

**第5章** ディジタル時代のモヤモヤを大整理！
**オーディオ便利帳**　河合 一 ……………………………… **92**
　■ 1. 音の性質と定量化 ………………………………………… 92
　　音波の定義，聴感特性，室内音響
　**Column 1** ラウドネス特性の移り変わり
　■ 2. 伝送路の基本 …………………………………………… 95
　　振幅，位相，インピーダンス，接続用コネクタ，マイクロフォン，スピーカ
　■ 3. ディジタル・オーディオの測定法 ……………………… 98
　　測定規格，測定器の例，主要特性とその測定法
　**Column 2** ノイズの定義
　■ 4. ディジタル・オーディオのキーワード ………………… 102
　　基本特性，音源のデータ・フォーマット，インターフェース規格，再生システム，ディジタル・アンプ
　**Column 3** ディジタル音源はいつのまにか加工されている…
　■ 5. オーディオ関連規格 …………………………………… 110
　　JEITA，AES，EBU，ITU，IEC，NAB，DIN，ISO/IEC JTC1(MPEG)，RIAA，JAS，IEEE

**第6章** 周波数の割り当てから測定法まで早見表満載！
**無線便利帳**　藤田 昇 …………………………………… **114**
　■ 1. 周波数による電波と電磁波の分類 …………………… 114
　**Column 1** 電波の割り当ては誰が決める
　■ 2. 免許不要の無線局と技適 ……………………………… 117
　**Column 2** ARIB 標準規格と IEEE 規格
　**Column 3** EIRP とは
　■ 3. 無線通信のプロトコルと規格 ………………………… 123
　**Column 4** ネットワークのカバー・エリアによる分類
　■ 4. 無線・高周波に不可欠の dB 表記のいろいろ ……… 129
　■ 5. 電波伝搬のメカニズムと計算 ………………………… 130
　■ 6. 高周波測定 …………………………………………… 134

索 引 …………………………………………………………………… 141
監修者紹介 …………………………………………………………… 144

▶ 本書の各記事は，「トランジスタ技術」に掲載された記事を再編集したものです．初出誌は各記事の稿末に掲載してあります．

# Introduction

## 一流目指してスタートダッシュ！ 今すぐ！

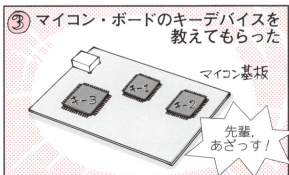

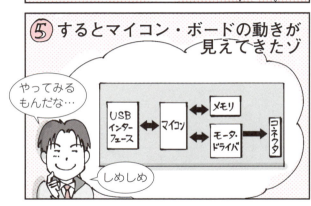

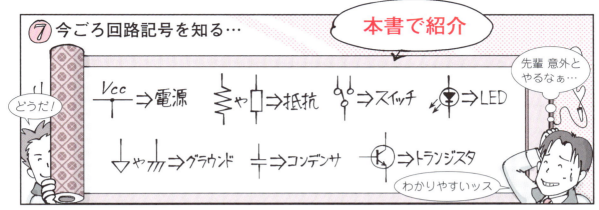
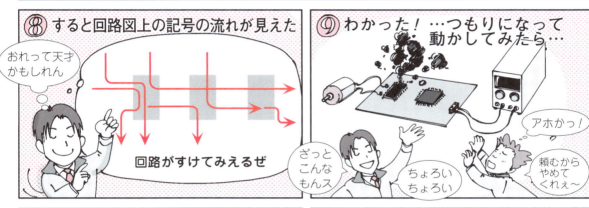

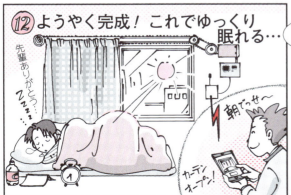
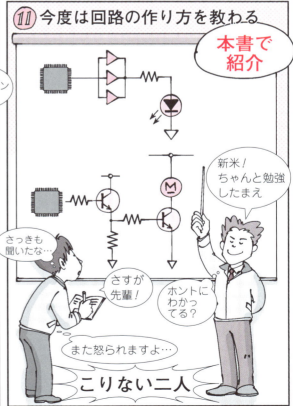

（初出：「トランジスタ技術」2013年4月号）

## 第1章 素子・部品の特性や使い方がわかる！
# 回路図記号マメ辞典

今関 雅敬 Masataka Imazeki

## 1. 抵抗

● 固定抵抗

【記号と構造】抵抗は誰でも知っているオームの法則に欠かせない要素です．通常，端子は両端に一対あります．抵抗はオームの法則が教えるとおり，電流に抵抗し電流を流れにくくする性質を持ちます．

　記号は図1のようにギザギザの記号であり，電流を流れにくくしている抵抗感を表しているように見えます．巻き線抵抗器の巻き線の部分にも似ていますね（図2）．

【用途や種類】抵抗の用途は主に，電流の制限や電圧の分割，電流を電圧に変換することに用いられます．理論上，抵抗には周波数特性はありません．しかし寄生インダクタンス成分や容量成分もわずかに持つので，高い周波数に対しては純然たる抵抗としては扱えなくなります．

　構造は主にカーボン，金属皮膜，酸化金属膜など抵抗体を面としているものと，線状の抵抗体を円筒などに巻きつけた構造の巻き線抵抗器があります．

　外形は円筒形の本体の両端にリード線が付いているアキシャル抵抗，表面実装用のチップ抵抗，大損失に用いるセメント抵抗やメタル・クラッド抵抗，ホーロー抵抗などがあります．また大電流測定用の微小抵抗は電流端子一対と測定端子一対の4端子を持つものもあります．

　高い周波数での特性は，巻き線タイプよりも面形状タイプのほうが良く，アキシャル抵抗よりもチップ抵抗が利用されています．

【単位など】抵抗の単位は［Ω］です．よく使用するカーボンや金属皮膜タイプは，数百mΩから数十M

![写真1]

**写真1　固定抵抗器のいろいろ**
右から：メタル・クラッド抵抗（75 W，大きさの割りに大きな損失が取れるが放熱器が必須），セメント抵抗（5 W，比較的大きな損失が取れて熱に強い．発熱に注意），酸化金属皮膜抵抗（2 W，少し大きな損失向け．発熱に注意），カーボン抵抗（1/4 W，普通の基板に乗せたりする抵抗），チップ抵抗（1/8 W，3.2 mm×1.6 mm．ゴマ粒ほどの大きさ）

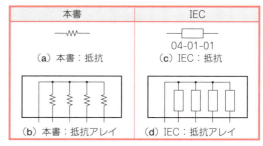

図1　抵抗の記号

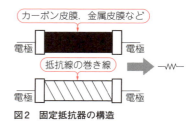

図2　固定抵抗器の構造

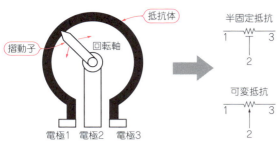

図3 可変抵抗の構造

写真2 可変抵抗器のいろいろ
右から：2連可変抵抗φ24（0.25W級，ステレオ装置の音量など左右同時に変化），単連可変抵抗φ16（0.1W級，一般的な可変抵抗），半固定抵抗（25回転，0.5W，広可変範囲微調整），半固定抵抗（0.5W，一般的な調整用）

Ωの範囲のものが入手しやすいです．大電流測定用の数ミリΩ品や高電圧測定に使用する数GΩ品も少数ですが流通しているようです．

単位のほかに重要な要素として許容損失があります．許容損失は通常W（ワット）で規定されます．また，温度係数も品種により規定されているので，温度に対する精度が要求される場合はデータシートをよく確認してください．

【識別記号】 $R$

【使用上の注意】 必ず許容損失を守ります．損失には必ず発熱が付いてくることを忘れないでください．許容損失がOKだからと安易にセメント抵抗やメタル・クラッド抵抗を基板に載せてしまうと，発熱のために基板が短期間で黄変してしまうことがあります．そのまま長期間使用を続けると，黄変を通り越し基板のエポキシ樹脂が炭化して，最悪，火災の危険が生じることもあります．

発熱の大きな部品は基板から浮かせたりアルミの筐体に付けたりするなどといった対策を考えます．発熱は抵抗自身に及ぼすダメージだけでなく，周囲に与える影響を考慮する必要があります．

● 可変抵抗

【記号と構造】 構造は，面状抵抗体や巻き線抵抗に接触し，スライドするワイパ（摺動子）を付けたものです．記号はこの構造そのものを想像させ，抵抗体の上をスライドするワイパを矢印またはT字の線で表しています（図3）．

抵抗体の片方の端子とワイパだけを利用する場合（2線接続の場合）は図4(b)の記号を使います．2線接続との区別のために3線接続のものをポテンショメータ接続と呼びます．

可変抵抗は主にツマミなどを付けて操作する可変抵抗と，ドライバを挿して操作する半固定抵抗（トリマ抵抗）の2種類があります．ツマミで操作するための可変抵抗の記号は，ワイパを表す線の先端を矢印型［図4(a)，図4(b)］にします．半固定抵抗の記号はワイパを表す線の先端をT字型［図4(c)，図4(d)］にして，それぞれを区別します．

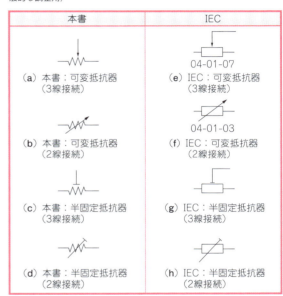

図4 可変抵抗の記号

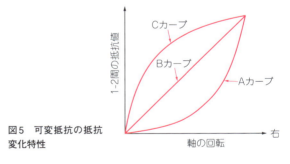

図5 可変抵抗の抵抗変化特性

【用途や種類】 可変抵抗の形状は軸を持った回転構造のものが多く，これはワイパが軸とともに回転方向に動きます（図3）．また，ワイパが直線状にスライドする形のスライド・ボリュームと言われる品もあります．

回転タイプには回転角が250～300°程度の単回転の品や，1～25回転する多回転の品があります．多回転の品は広可変範囲で微調整が必要な測定器などに使用します．

【単位など】 単位は［Ω］です．一般的に入手しやす

1. 抵抗　　7

いのは100Ωから数MΩ程度で，抵抗と同じように許容損失が規定されています．また，用途によってワイパの位置に対する抵抗値のカーブが指数的な曲線のAカーブ，直線的なBカーブ，対数曲線的なCカーブなどがあります．図5はそれぞれの大まかなカーブを示した品です．ステレオ装置などに使用される2連可変抵抗の場合はBB，AC，AAなど，異なるカーブを組み合わせた品もあります．

【図面上の識別記号】 $VR$, $R$, $RV$

【使用法など】一般的にワイパを含めて三つの端子があり，1，2，3の番号がそれぞれの端子に振られています．この端子番号の1番と3番が抵抗体の両端で，2番はワイパです．一般に回転構造の品の場合，CCW（軸を正面に見て左回し）に回すとワイパの位置は1番の端子に近づきます．図面を描く場合は操作時の回転方向を考慮して端子の接続を決めます．

---

## 2. コンデンサ

図6 固定コンデンサの記号

● **固定コンデンサ（セラミック／フィルム／マイカ）**

【記号と構造】高校や中学の物理の教科書に出ているように，コンデンサの構造は2枚の導体板をある間隔を置いて平行に配置したものです．この構造をそのまま表したのがこのコンデンサの記号です［**図6(a)**］．

【用途や種類】コンデンサの構造は2枚の電極を誘電体を挟む形で配置したものです．現在よく使用されているものは，誘電体材料の違いによってセラミック・コンデンサとフィルム・コンデンサ，マイカ・コンデンサに大別できます（図7）．

**セラミック・コンデンサ**には，旧来より使用されている小容量のディスク・セラミック・コンデンサと，近年特に大容量化が進んでいる積層セラミック・コンデンサがあります．

**フィルム・コンデンサ**はマイラやスチロールを誘電体にして，それを電極で挟んでロール状に巻き込んだものが主流です．容量誤差が少ないものの，寄生インダクタンス成分が大きく，高周波特性が劣ります．温度特性は良好ですが，あまり容量の大きな品はありません．

**マイカ・コンデンサ**はマイカ（雲母）板を電極で挟んでサンドイッチにしたものが絶縁体に包まれてできています．

**セラミック・コンデンサ**は大別して，温度補償用（Class1）と高誘電率系（Class2）に分かれます．どちらも高周波特性は良いのですが，高誘電率系は容量誤差が大きく，温度特性が悪いです．その代わり，高誘電率系は小型で大容量にできます．**表1**のように温度特

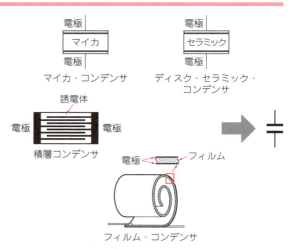

図7 固定コンデンサの構造

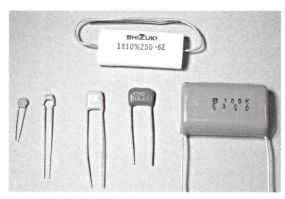

写真3 固定コンデンサのいろいろ
上と右の2個：フィルム・コンデンサ（耐圧が高いものが容易に手に入る），中ほどの2個：積層セラミック・コンデンサ（高容量なものがある），左の丸いもの：ディスク・セラミック・コンデンサ（小容量なものが多い）

性による区分が設けられています．

【単位など】容量の単位は［F（ファラド）］です．通常［pF（ピコ・ファラド）］，［μF（マイクロ・ファラド）］などといった単位で表記されています．

【識別記号】 $C$

【使用法など】耐圧を守って使います．高周波特性が良いのに温度特性の悪い積層セラミック・コンデンサは，数十p～1μF程度の容量のものが，入手性

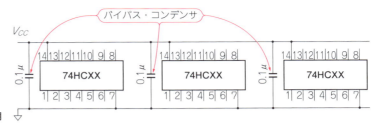

図8 バイパス・コンデンサとしての利用

表1 セラミック・コンデンサの温度特性区分

| 種 類 | 温度特性記号 | 温度範囲 | 静電容量変化率・温度係数 | 規 格 |
|---|---|---|---|---|
| 温度補償用 | CH | −25〜+85℃ | 0±60 ppm/℃ | JIS |
| | SL | +20〜+85℃ | 350〜1000 ppm/℃ | JIS |
| | C0G | −55〜+125℃ | 0±30 ppm/℃ | EIA |
| 高誘電率系 | B | −25〜+85℃ | ±10% | JIS |
| | X5R | −55〜+85℃ | ±15% | EIA |
| | X6S | −55〜+105℃ | ±22% | EIA |
| | R | −55〜+125℃ | ±15% | JIS |
| | X7R | −55〜+125℃ | ±15% | EIA |
| | F | −25〜+85℃ | +30%〜−80% | JIS |
| | Y5V | −30〜+85℃ | +22%〜−82% | EIA |

がよく安価なので電源のパスコン(バイパス・コンデンサ)などに使用されています．

図8はパスコンの例です．パスコンはICなどの信号がスイッチするときに，電源インピーダンスを下げて動作を安定させます．ロジックIC 1〜3個に1個程度，ICの直近に取り付けます．

タイマやワンショットなどの時定数には，温度による安定度が高く容量誤差の少ないフィルム・コンデンサを使用します．

● 電解コンデンサ

【記号と構造】電解コンデンサは，一方の電極の表面にごく薄い酸化皮膜を形成して誘電体にしています．さらに，酸化皮膜ともう一方の電極の間を電解質で満たしています．記号はコンデンサの電極間の空白の代わりに，電解質の存在を表す斜線を引き，極性のある場合は正極側にそのことを示す+記号を付記します（図9）．また無極性の場合，それを示すNP(No Polality)などの文字を付記する場合があります．IECの記号はただ極性があることを示す+記号が付くだけです．

【用途や種類】電極にアルミを用いたアルミ電解コンデンサ，タンタルを用いたタンタル電解コンデンサがあります．アルミ電解コンデンサでは，電解紙を2枚のアルミ電極で挟んでロールして電解液を浸透させたものをアルミ管に封入した構造をしています（図10）．二つのアルミ電極のうち，陽極に酸化アルミニウム皮膜が形成されています．また，この皮膜を両極に形成した無極性電解コンデンサもあります．

【単位など】コンデンサなので単位は［F(ファラド)］です．小さな品は0.1 μF程度から，大きな品は数万μF程度は普通に手に入ります．そのほか考慮すべき点は耐圧と温度規格です．定格温度は+85℃，+105℃などと規定されています．

【識別記号】C

【使用法など】電解コンデンサでよく問題になるのは寿命です．この寿命の長さを決める主な要素は内部の温度です．一般的に定格温度より低い温度で用いる場合，温度が10℃下がると寿命は2倍に延びるといわれています．また，電解コンデンサは充放電電流が流れると内部の温度が上がるので，リプル電流が大きいと内部温度が上昇して寿命を縮めます．そのため，電解コンデンサは発熱部品から遠ざけるなどの配置も工夫の余地があります．

写真4 電解コンデンサのいろいろ
右：電源平滑用の大型の電解コンデンサ，中の2個：低ESR品(CPU周辺のバイパスや電源平滑用)，左：低耐圧の小型電解コンデンサ(電池駆動の小型機器などの用途)

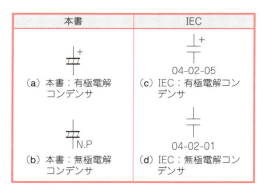

図9 電解コンデンサの記号

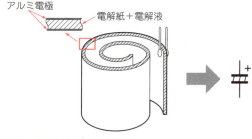

図10 電解コンデンサの構造

電解コンデンサは定格を越えた電圧をかけたり極性のある電解コンデンサに交流を印加したりすると，内部でガスが発生して破裂することがあります．現在流通しているものはほとんど内圧が上昇した場合，それを逃がすために破壊するブロー・ポイントが付いています．これは一般的にアルミ管の頭の部分に鏨（たがね）で付けた割り込みのような形で付いている場合と，底面に付いている場合があります．底面に付いている場合は基板のブロー・ポイントの位置に穴をあけておくことが必要です．また，頭の部分にある場合は筐体などにブロー・ポイント部分が密着してしまわないような配慮が必要です．

## 誘電体と誘電率　　　　　　　　　　　　　　Column 1

　平行平板コンデンサの静電容量$C$は極板面積$S$に比例し，極板間隔$d$に反比例します．さらに，極板間に挿入された絶縁体の誘電率$\varepsilon$にも比例し，

$$C = \frac{\varepsilon S}{d}$$

と表されます．面積と間隔が同じでも，誘電率が高いほど大容量のコンデンサになります．

　コンデンサは，2枚の電極の一方に集めた正電荷と他方に集めた負電荷が，クーロン力で互いに引き合うことによって電極に蓄えられた状態となります．平行平板コンデンサの各極板上には正電荷，負電荷が共に均一に分布し，この電荷によって極板間に一様な電界を生じます．極板間に絶縁体を挿入すると，物質の原子を構成する正電荷（原子核）と負電荷（電子）にわずかな偏り（誘電分極）を生じて電界を弱めるので，極板面積と極板間隔が同じでも，より多くの電荷を蓄えられるようになります．

　絶縁体はそれぞれ固有の誘電率をもちます．極板間が真空の場合の誘電率$\varepsilon \approx 8.854\ \text{F/m}$を，真空の誘電率$\varepsilon_0$と呼びます．なお，真空の場合には物質の原子も存在しないので，本来は誘電分極も発生しません．真空の誘電率というのは，静電容量の単位［C］，長さの単位［m］を整合させるための比例定数です．

　真空以外の絶縁体の場合，$\varepsilon_0$に対する誘電率の比率である，

$$\text{比誘電率}\ \varepsilon_r = \frac{\varepsilon}{\varepsilon_0}$$

を用いるのが普通です．比誘電率の例を表Aに示します．

〈宮崎 仁〉

表A　さまざまな絶縁体の比誘電率の例

| 絶縁体 | 比誘電率 | 備考 |
|---|---|---|
| 空気 | ほぼ1 | 空気コンデンサ |
| 紙 | およそ2 | 紙コンデンサ |
| PP | 2.2 | ポリプロピレン・コンデンサ |
| PEN | 2.9 | ポリエチレンナフタレート・コンデンサ |
| PPS | 3 | ポリフェニレンサルファイド・コンデンサ |
| PET | 3.2 | ポリエステル・コンデンサ（マイラ・コンデンサ） |
| FR-4 | 4〜5 | ガラス・エポキシ基板 |
| マイカ | 7 | マイカ・コンデンサ |
| アルミ酸化皮膜 | 8〜10 | アルミ電解コンデンサ |
| タンタル酸化皮膜 | 10〜20 | タンタル電解コンデンサ |
| 酸化チタン | 10〜100 | 温度補償用セラミック・コンデンサ |
| チタン酸バリウム | 1000〜10000 | 高誘電率系セラミック・コンデンサ |

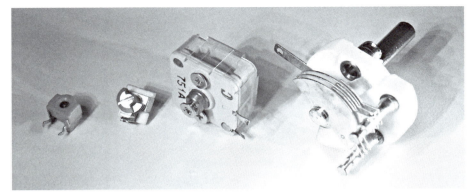

**写真5 可変コンデンサのいろいろ**
右から：エア・バリコン（誘電体は空気．用途は昔の真空管ラジオなど），ポリバリコン（誘電体はフィルム．用途は小型のラジオなど），トリマ・コンデンサ（誘電体は空気．用途は通信機，測定器など），トリマ・コンデンサ（誘電体はセラミックなど．用途は通信機，ラジオ，測定器など）

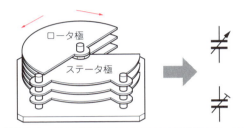

ロータを回転させるとステータと重なる面積が変化する．この変化で容量を変える

**図11 可変コンデンサの構造**

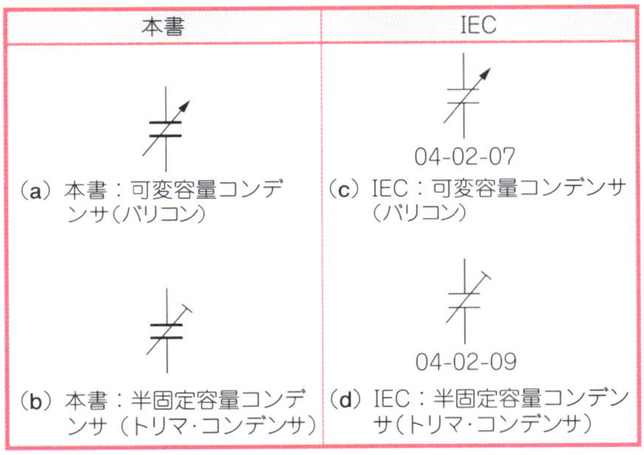

| 本書 | IEC |
|---|---|
| (a) 本書：可変容量コンデンサ（バリコン） | (c) IEC：可変容量コンデンサ（バリコン） 04-02-07 |
| (b) 本書：半固定容量コンデンサ（トリマ・コンデンサ） | (d) IEC：半固定容量コンデンサ（トリマ・コンデンサ） 04-02-09 |

**図12 可変コンデンサの記号**

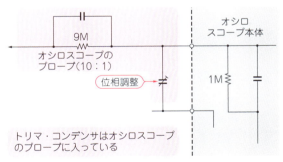

トリマ・コンデンサはオシロスコープのプローブに入っている

**図13 トリマ・コンデンサの応用回路例**

● **可変容量コンデンサ**（バリコン，トリマ・コンデンサ）
【記号と構造】二つの金属板とそれに挟まれる誘電体で構成されています（図11）．可変容量のしくみは回転軸に片方の金属板が付いていて，軸の回転にしたがって金属板どうしの重なる面積が変わることによります．

可変容量コンデンサには，操作パネルに付けてツマミなどで操作する**バリアブル・コンデンサ（バリコン）**と，ドライバを挿して調整する**トリマ・コンデンサ**があります．バリコンの記号はコンデンサに可変を表す矢印付きの線を付けます［図12(a)］．また，トリマ・コンデンサには半固定を表すT字型の線を付けて記号上の区別をしています［図12(b)］．

【種類や用途】可変容量コンデンサには，ラジオなどの同調用のバリコンと，半固定用途のトリマ・コンデンサがあります．秋葉原の店先で見ることが少なくなったバリコンですが，ほぼ絶滅したと思われるエア・バリコンと，辛うじて新品も手に入るポリバリコンとがあり，用途によって2連やAM，FM用の容量が違うものを多連に組み込んだものなどがあります．

バリコンは選局間隔を均一にするために，軸の角度に対する容量変化率が直線でないものがあります．トリマ・コンデンサは主に位相調整やインピーダンスの整合などによく使われます．図13の回路例は，ご存知のオシロスコープの1/10プローブの整合部分にトリマ・コンデンサが使われている例です．基準信号パルスの形を見ながらこのトリマで整合の調整をします．
【単位など】F．単位は主にpF．AM用バリコンは数百pF程度．FM用は数十pF程度です．
【識別記号】C，VC，TC

## 3. インダクタ

● 固定インダクタ(コイル)

**【記号と構造】** ホルマル線や被覆線を巻いたものがインダクタやコイルです(図14). 空芯または鉄心やフェライトのストレート・コア, トロイダル・コアに巻いたものなどがあります. 記号はくるくると巻いた形を表しているのでしょう(図15). 本書の記号では, コア入りは鉄コアを棒線で, フェライトなど非鉄コアを点線で表します.

IEC記号は, コアは棒線で表すことができます. しかし, コアが入ったものでも必ずしも棒線付きで表す必要はないようです. コイルという呼び名は, この手の巻き線構造のものすべてに使用しますが, 同調コイルなどをインダクタと呼ぶことはないようです.

**【用途や種類】** アンテナ・コイル, 同調回路などの高周波用途, 電源平滑用のチョーク・コイル, ノイズ・フィルタ, スイッチング電源用途など, ちょっと考えるだけでも多くの用途があります. フェライト・ビーズもコイルの仲間です.

**【単位など】** H(ヘンリー)

**【識別記号】** $L$

**【使用方法や注意】** インダクタは電流を流すことで中に磁気としてエネルギを蓄えます. そして, 電流が切れるときに高いスパイク電圧が生じます. これを利用して昇圧ができますが, 尖頭電圧は思いのほか高い場合が多いので, スイッチングの素子が発熱もないのに短時間で破壊されてしまう場合があります.

スイッチングに使うインダクタやコンデンサは, なるべく耐圧の高いものを使います.

フリー・ホイール・ダイオードやサージ・キラーの目的で使うダイオードも, 逆方向耐圧が低いと, 短時間で破壊されてしまうので同じ注意が必要です.

● トランス

**【記号と構造】** 同じコアや磁路にタップ付きのコイルを巻いたり複数のコイルを巻いたりして, 電圧の変換やインピーダンスの変換に使うのがトランスです(図

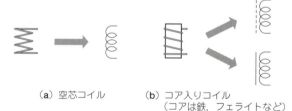

図14 インダクタの構造
(a) 空芯コイル　(b) コア入りコイル(コアは鉄, フェライトなど)

| 本書 | IEC |
|---|---|
| (a) 本書:インダクタ(空芯) | 04-03-01<br>(e) IEC:インダクタ(空芯) |
| (b) 本書:インダクタ(コア入り) | 04-03-03<br>(f) IEC:インダクタ(磁芯) |
| (c) 本書:インダクタ(鉄芯) | |
| (d) 本書:フェライト・ビーズ | 04-03-10<br>(g) IEC:フェライト・ビーズ |

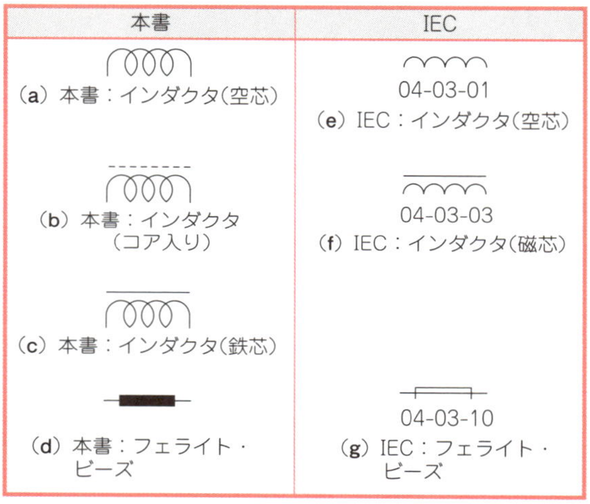

図15 インダクタの記号

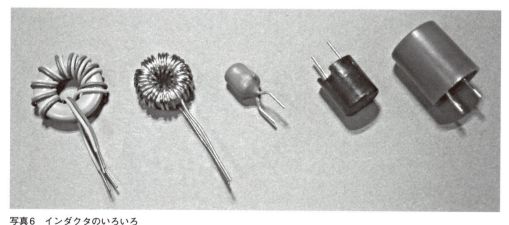

写真6 インダクタのいろいろ
右から3個:ストレート・コアのインダクタ(用途はフィルタや発振など), 左の2個:トロイダル・コア(用途はフィルタやスイッチング電源など)

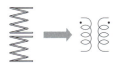
(a) 空芯トランス

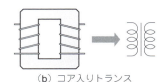
(b) コア入りトランス

図16 トランスの構造

16)．この巻き線を表すのがトランスの記号です（図17）．

電源トランスのように互いの巻き線方向をどのように接続しても問題のない場合もありますが，昇圧用のフライバック・トランスは，1次巻き線と2次巻き線の互いの巻き方向の接続を間違えると必要な昇圧ができなくなります．このように互いの巻き線の方向が問題になる場合は，巻き方向を特定するために，それぞれの巻き線の巻き始めにドットを付けて方向を表します［図17(a)］．

高周波に用いるトランスは空芯のものもありますが，一般的には鉄芯やフェライトなどのコアをもっています．このようなコア入りのトランスを，本書の記号では棒線や破線で表します．IECの記号はコアを棒線で表すこともできますが，省略しても構いません［図17(f)］．

シールド付きは点線で表します［図17(d)］．IECの記号の場合は巻き線間の相間シールドは巻き線の間に付けます［図17(g)］．相の外側のシールドは巻き線全体を点線で囲むように付けて区別します［図17(h)］．

【用途や種類】トランスは1次と2次が完全に分かれて絶縁されている複巻きのものと，一つの巻き線にタップを付けて昇圧/降圧ができるようにした単巻きのものがあります．特に単巻きのものをオートトランスなどと呼ぶ場合もあります．

スライド・トランスはオートトランスのタップの位置を可変できるようにしたものです．

電源トランスのコアは，商用電源用（50 Hzまたは60 Hz）には通常，鉄が使われます．それに対してスイッチング・レギュレータは電源周波数を数十k～数百kHzと，大幅に高くスイッチングすることで，トランスを小型化しています．そのための高周波電源トランスのコアにはフェライトなど高い周波数に対する特性の良いものが使われています．

【単位など】電源トランスの単位は1次電圧と2次電圧および電流を表す［V］と［A］，容量を表す［VA］（ボルト・アンペア）などがあります．

オーディオ・アンプの増幅段間や出力トランスなどに使用するインピーダンス変換用は，1次インピーダ

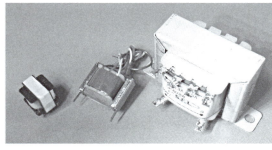

写真7 トランスのいろいろ
右から：AC電源トランス（AC 100 V, AC 6 V×2），サンスイSTトランス（インピーダンス変換用，ドライバ用30 kΩ：1 kΩ），高圧電源用高周波トランス（1：120）

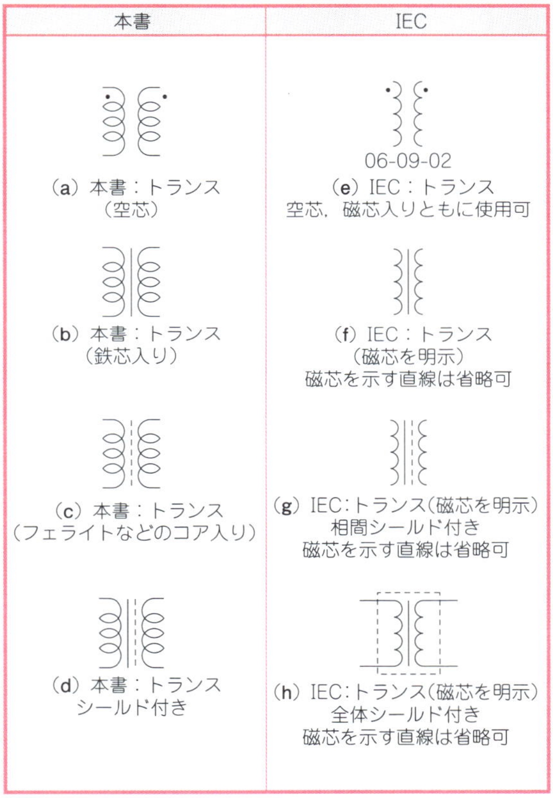

| 本書 | IEC |
|---|---|
| (a) 本書：トランス（空芯） | (e) IEC：トランス<br>06-09-02<br>空芯，磁芯入りともに使用可 |
| (b) 本書：トランス（鉄芯入り） | (f) IEC：トランス（磁芯を明示）<br>磁芯を示す直線は省略可 |
| (c) 本書：トランス（フェライトなどのコア入り） | (g) IEC：トランス（磁芯を明示）<br>相間シールド付き<br>磁芯を示す直線は省略可 |
| (d) 本書：トランス シールド付き | (h) IEC：トランス（磁芯を明示）<br>全体シールド付き<br>磁芯を示す直線は省略可 |

図17 トランスの記号

ンスと2次インピーダンスをΩで表します．単純にトランスの巻き数比で表されているものもあります．
【識別記号】T
【使用上の注意】電源トランスは容量をVAで表します．容量を越えないように使用しなければなりません．

# 4. ダイオード

● 一般用ダイオード

**【記号と構造】** シリコン・ダイオードはPN接合のPからNに電流が流れ，逆方向には流れない性質を利用した元祖半導体とでもいうべきものです（図18）．記号は三角形の矢印の方向が電流の流れる方向を表しています．そしてその先端に棒が1本引いてあります．実際のダイオードもカソード側に線を引いて方向表示にしてあるものもあります．ダイオードを組み合わせた全波整流用のブリッジもあります［図19(b)］．ショットキー・バリア・ダイオードはPN接合ではなく，金属とシリコンによるショットキー接合（Schottky barrier junction）を使って順方向電圧を低く抑えてあります．普通のダイオードと区別するために，カソード側の棒線の両端に折れ曲がったカギ型（S字形）を付けて区別しています．ショットキー・バリア・ダイオードは，普通のダイオードとは違う種類のダイオードですが，用途は似たようなものが多いので，ここでは一緒に分類しました．

**【用途や種類】** ダイオードの用途は大変多く，整流，検波，インダクタやリレー・コイルのサージ吸収，デコーダなど…とても書ききれません．

小さなガラス管のダイオードから大きな電源整流用まであります．また，二つのダイオードが入っていて，センタ・タップ型全波整流回路が一つのパッケージでできるもの，さらに四つのダイオードをブリッジにして一つのパッケージに入れたものなど種類も豊富です．

**【識別記号】** D，DI

**【使用法など】** ダイオードのパラメータはいろいろとありますが，整流器などに使用するときに注意するのは逆耐圧や許容損失などです．ダイオードは順方向電圧と電流で損失が発生し，大きな電流を流すと発熱します．

比較的小型のダイオードで大きな電流が流せるもののなかには，許容電流に見合わぬ太いリード線が付いているものがあります．これはジャンクションで発生した熱を，太いリード線に逃がすようになっているのです．このようなものはリード線を受けるランドやパターンを大きくして，熱を吸収する構造にしないと，基板が熱で変色したり焦げたりします．

取り付け時はリード線を長めに残して基板から浮かせたり，リード線を成型して表面積を稼いだりして，放熱に寄与するようにします．

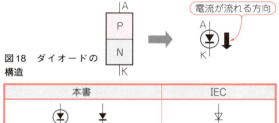

図18 ダイオードの構造

写真8 ダイオードのいろいろ
左上から整流用ダイオード（逆方向耐圧800 V，順方向電流1 A），小信号用ダイオード（逆方向耐圧50 V，順方向電流100 mA），ゲルマニウム・ダイオード（逆方向耐圧20 V，順方向電流50 mA），右の並んだ2個はブリッジ整流器

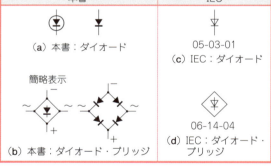

図19 ダイオードの記号

● ツェナ・ダイオード

**【記号や構造】** ダイオードにかける逆バイアスを大きくしていくと，急に電流が流れ出すツェナ現象（Zener effect）を観測できます．それを利用してダイオード自身に加わる電圧を一定にするダイオードが，ツェナ・ダイオードです．

ツェナ・ダイオードの記号は，ダイオードの三角形の先にある棒の両端がカギのように曲がった形（Z字形）をしています［図20(a)］．この曲がり具合がツェナ特性のグラフのように見えます（図21）．IECの記号は片方向はカギが一つしかありません［図20(c)］．IECの記号の場合，双方向で両端に付くようになります［図20(d)］．

内部でツェナ・ダイオードを二つ，反対方向につないだ構造を作って双方向で使えるようにしたものが双方向ツェナ・ダイオードです［図20(b)］．

**【用途や種類】** ツェナ・ダイオードはディスクリート部品で，定電圧回路を作るのには不可欠です．他にOPアンプと組み合わせてさまざまな折れ線近似関数を作り出すこともできます．種類はいろいろな電圧や

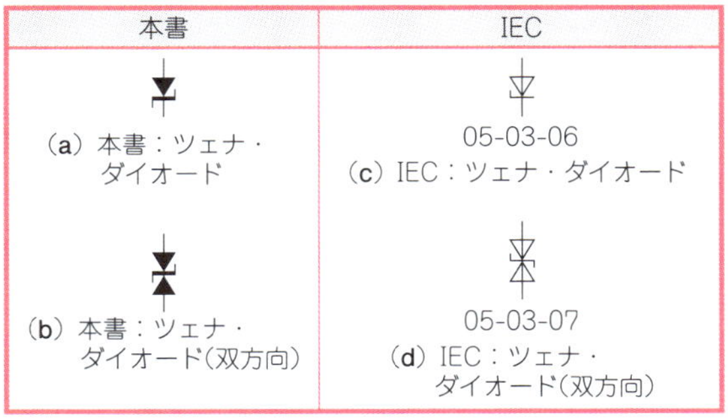

図20 ツェナ・ダイオードの記号

写真9 ツェナ・ダイオードのいろいろ
上から：RD5.6E(5.6 V), RD 3.9EB(3.9 V), HZ3C3 - E (3.4 V)

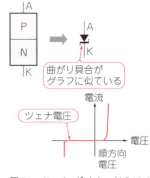
図21 ツェナ・ダイオードのV-I特性グラフ

損失のものが販売されています．
【識別記号】D, ZD
【使用法など】ツェナ・ダイオードは素子に加わる電圧が大きくなると，そのぶん損失や発熱が大きくなります．安易に余った電圧をツェナ・ダイオードに吸い込ませて安定化をさせようとすると，簡単に損失が大きくなってしまいます．

図22の回路例は，ツェナ・ダイオード1個とトランジスタ1個で構成した簡単な電圧レギュレータです．

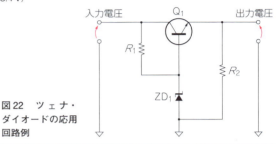
図22 ツェナ・ダイオードの応用回路例

● 可変容量ダイオード(バリキャップ)
【記号や構造】ダイオードに逆方向にバイアス電圧をかけて，その電圧を変化させると，空乏層の厚みが変化します．空乏層の厚みが増すと，その部分の静電容量が減っていきます．

この性質を使って，加える電圧によってバリコンのように容量を変化させることができるのが可変容量ダイオードです(図23)．

記号はダイオードの先にコンデンサ構造を付けたような形をしています［図24(a)］．IECの記号は，そのものずばりダイオードの横に小さなコンデンサが付いています［図24(c)］．

可変容量ダイオードはダイオードに逆方向に電圧をかけることで容量を制御します．順方向に使うと，た

写真10 可変容量ダイオード(1SV113)
逆電圧定格：$V_{Rmax}$ = 30 V，容量中央値：34 pF/V, 21 pF/3 V, 3 V～25 Vの容量比：8倍(min)

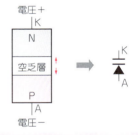
図23 可変容量ダイオードの構造

空乏層の境界面をコンデンサとして利用．逆バイアス電圧を大きくすると空乏層が厚くなり容量が小さくなる

## ツェナ降伏とアバランシェ降伏 Column 2

ツェナ・ダイオードという名称は，ツェナ現象を発見した物理学者の名前から付けられました．もともとは，いろいろな部品に高電圧を加えてどんな故障が発生するかを研究していたのですが，ダイオードの場合はほぼ一定電圧(ツェナ電圧)で逆電圧は頭打ちになり，しかも逆電流が大きすぎなければ故障せずに繰り返し使用できることを発見しました．さらに，ツェナ電圧の値はダイオードの製造工程で自由に制御できることが分かり，代表的な定電圧素子として広く普及しました．

このツェナ現象は，ツェナ降伏とアバランシェ降伏という2種類の異なる現象が同時に起きており，ツェナ電圧が約5 Vより低い場合はツェナ降伏，約5 Vより高い場合はアバランシェ降伏が支配的です．

〈宮崎 仁〉

だのダイオードと同じで可変容量としては働きません．この点を改良して内部で二つの可変容量ダイオードをつないで，どちらから電圧をかけても同じに働くようにした双方向可変容量ダイオードもあります［図24（b）］．

【用途や種類】バリキャップやバラクタ・ダイオードなどとも呼ばれます．電子同調回路やVCOなどに使われています．

【識別記号】D，VD

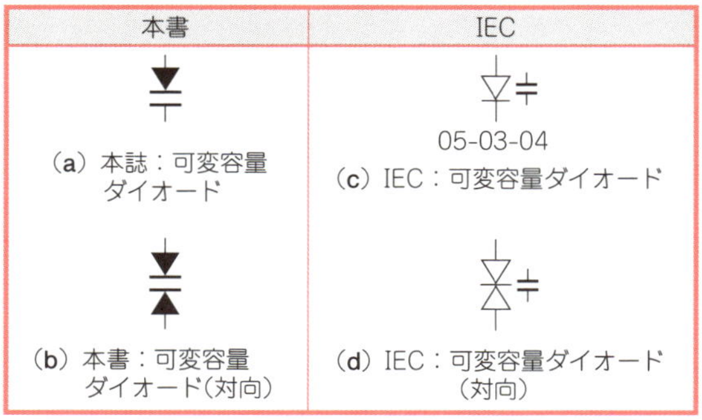

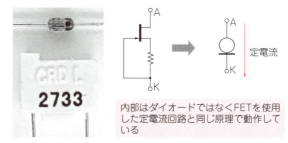

図24　可変容量ダイオードの記号

● 定電流ダイオード（CRD）

【記号と構造】JFETと抵抗で図25のような回路を作って，自己バイアスを適当な電圧になるように調整すると，一定の電流を流すようにJFETが作用します．これと同じような原理で動作しているのがCRD（Current Regulative Diode）です．記号は丸印と棒で，棒のほうがカソードです（図26）．極性はあるものの整流作用はないので，ダイオードの三角形がついていないようです．IECでは記号の規定はありません．

【用途や種類】電源電圧が変動しても一定の明るさでLEDを点灯するための定電流回路が簡単に作れます．回路の電流制限などにも使用できます．CRDをツェナ・ダイオードの駆動電流源に使うことで，より安定化できます．

【識別記号】D

【使用上の注意】定電流になるために最低限，素子にかけなければならない電圧（$V_K$）が必要です．そのため電源電圧が低い回路には使用できない場合があります．

また，LED点灯のために使う場合，電源電圧が高いとCRDの損失が大きくなり発熱します．損失が大きく発熱が予想される場合は，基板から浮かせて実装したりランドやパターンを広く取って放熱させたりするなどの工夫が必要にです．

図27の回路例はLED点灯の回路です．

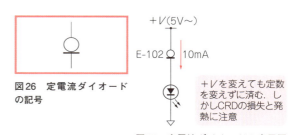

写真11　定電流ダイオード

図25　定電流ダイオードの構造

図26　定電流ダイオードの記号

図27　定電流ダイオードの応用回路例

## 5．トランジスタ

● NPNトランジスタ

【記号と構造】NPNトランジスタは，N型半導体がP型半導体を挟む形をしていて，P型半導体にベースがつながっています（図28）．このベース電極にわずかな電流を流し込むと，コレクタに$h_{FE}$（直流増幅率）倍の大きな電流が流れます．そして，エミッタにはベースとコレクタの電流を合わせたぶんが流れ出します．

NPNトランジスタの記号（図29）を見ると，エミッタ・ピンの矢印が，その電流方向の外方向を向いてい

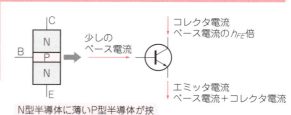

図28　NPNトランジスタの構造

ます．IEC記号に付いた丸記号［図29（c）］は，トランジスタのメタル缶や放熱タブを意味しています．この記号の場合，メタル缶や放熱タブがコレクタに接続されていることを示しています．

【用途や種類】小信号用のものや高周波用，VHF用，UHF用，パワー・トランジスタなど，普通のトランジスタだけでも多くの品があります．さらに，二つのトランジスタを一つのパッケージに入れて熱的に結合

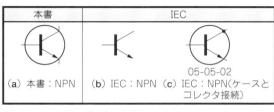

図29 NPNトランジスタの記号

写真12 NPNトランジスタのいろいろ
右から：2SD180（$V_{CBO}$＝80 V，$V_{CEO}$＝70 V，$I_C$＝6 A，オーディオ・アンプ，DC-DCコンバータ），2SD1128（$V_{CBO}$＝150 V，$V_{CEO}$＝100 V，$I_C$＝5 A，$P_C$＝30 W，PWMインバータ，ソレノイド・ドライブなど），2SC3751（$V_{CBO}$＝1100 V，$V_{CEO}$＝800 V，$I_C$＝1.5 A，$P_C$＝25 W，スイッチング電源用），2SC945（$V_{CBO}$＝60 V，$V_{CEO}$＝50 V，$I_C$＝100 mA，低周波増幅，低速度スイッチング）

させた差動増幅用デュアル・トランジスタ，スイッチング用にベース周りの抵抗をパッケージに取り込んだ抵抗入りトランジスタ，抵抗入りトランジスタを多連化したようなトランジスタ・アレイなどがあります．

日本製のNPNトランジスタは2SCと2SDで始まる型名をもっています．2SCは高周波用途，2SDは低周波用途となっているようです．しかし，開発された年代との関係もあると思いますが，2SDのほうが，2SCより$f_T$（遮断周波数）が高い場合もあります．

【識別記号】Q，Tr
【使用上の注意】多くの考慮すべきパラメータがあります．代表的なものは$P_W$（損失），$h_{FE}$，$f_T$などです．使用時は定格電流および定格損失，定格電圧を守ることが基本です．パワー・トランジスタは内部の定格損失以外に，内部のジャンクション温度も規定されているので，必要に応じて放熱器を付けるなどの対策が必要です．

● PNPトランジスタ
【記号と構造】PNPトランジスタは名前のとおり，P型半導体二つでN型半導体を挟んだ構造になって，N型半導体にベース電極がつながっています（図30）．

動作は，ベースからわずかな電流が流れ出すと，コレクタから$h_{FE}$倍の大きな電流が流れ出し，それらを合わせたぶんの電流がエミッタから流れ込みます．

PNPトランジスタの記号を見ると，エミッタの矢印が，電流の流れる方向（ベースへ向かう）を示しています（図31）．

【用途や種類】主にNPNトランジスタのコンプリメンタリとして用いられることが多いです．ほかに，NPNと同じような用途に使えますが，電源極性が反対になります．

日本製のPNPトランジスタは一般的に，2SAと2SBで始まる型名をもっています．このうち2SAは高周波用，2SBは低周波用ということになっているようです．しかし，2SBのほうが2SAの型名のものより$f_T$が高いなどという場合もあります．

【識別記号】Q，Tr
【使用上の注意】使用する場合の注意事項などはNPNトランジスタと同じです．

図30 PNPトランジスタの構造

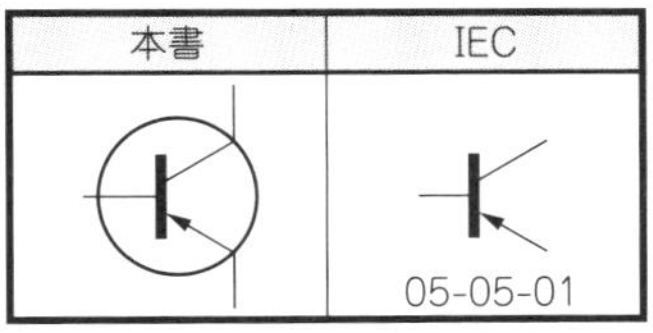

図31 PNPトランジスタの記号

写真13 PNPトランジスタのいろいろ
右から：2SB676（$V_{CBO}$＝－100 V，$V_{CEO}$＝－80 V，$I_C$＝－4 A，$P_C$＝30 W，パワー・ダーリントン），2SA1357（$V_{CBO}$＝－35 V，$V_{CEO}$＝－30 V，$I_C$＝－5 A，$P_C$＝1.5 W，ストロボ，中電力増幅），2SA1015（$V_{CBO}$＝－50 V，$V_{CEO}$＝－50 V，$I_C$＝－150 mA，$P_C$＝400 mW，低周波増幅）

● NチャネルJFET(接合型FET)

【記号と構造】NチャネルJFETは図32のように，N型半導体をチャネルにしてP型半導体のゲートが付いた構造になっています．もともとN型半導体がドレイン-ソース間に貫通しているので，ゲート電圧が0Vの状態でドレイン-ソース間に電流が流れます．

記号のドレイン-ソース間の棒線はチャネルを表しています．ゲートの内側を向いた矢印がNチャネルJFETのゲートの極性を示してます．ソース-ゲート間にマイナスのバイアス電圧をかけて，その電界効果を利用してソース-ドレイン間の電流を制御します．

JFETの記号は，ゲートの線がソースの正面に付いて記号だけでドレインとソースの見分けが付くもの[図33(a)] ゲートの線が中央にあってドレインとソースの見分けが付かないものと[図33(b)]，の二種類あります．

【用途や種類】ゲートが1本のシングル・ゲート品，2

写真14 NチャネルJFETのいろいろ
右から：2SK170(低雑音増幅用)，2SK30A(高入力インピーダンス増幅用)，2SK192A(VHF増幅用)

本のゲートが出ているデュアル・ゲート品，パワーFET，小信号用，高周波用などがあります．

【型名】日本製のFETは一般的にN型を2SKや3SKの型名で表しています．2SKはゲートが1本のもの，

---

## トランジスタの応用例　　　　　　　　　　　　　　　　　　　　Column 3

NPNトランジスタ，PNPトランジスタはリニアな増幅回路にも使われますが，ON/OFF動作だけの簡単なスイッチにも使われます．

特に，マイコン出力で大きな電流を必要とする負荷(電球，ソレノイドなど)をON/OFFするのに役立ちます．

図Aの回路例は，NPNトランジスタをオープン・コレクタで使用したもので，負荷をマイナス側からON/OFFするロー・サイド・スイッチの例です．

トランジスタは電流入力動作なので，3.3Vなどと動作電圧が低いマイコンからMOSFETを直接動かせない場合などにも使うことができます．

図Bの回路例は，マイコン出力端子の能力を補っている例です．

PNPトランジスタをオープン・コレクタで使用したもので，負荷をプラス側からON/OFFするハイ・サイド・スイッチの例です．安全上の理由からグラウンド側をON/OFFできない場合に使用します．

〈今関 雅敬〉

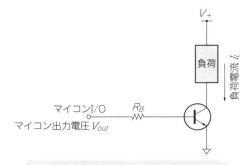

$$R_B = \frac{V_{out} - 0.6}{5(I_L/h_{FE})}$$

トランジスタが$I_L$を流しきれるようにベース電流を$I_L/h_{FE}$の5倍とした．
ベース電流がトランジスタの定格を超えないように注意．MOSFETのしきい値に届かない2.7V出力などでもトランジスタなら動作する

図A　NPNトランジスタをオープン・コレクタで使用したロー・サイド・スイッチ

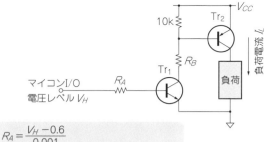

$$R_A = \frac{V_H - 0.6}{0.001}$$

$$R_B = \frac{V_{CC} - 0.6}{5 \times (I_L/h_{FEQ2}) + (0.6/10k)}$$

$Tr_1$は$h_{FE}$100以上の小信号用トランジスタ．$R_B$は$Tr_2$が$I_L$を十分に流しきる値として$I_L/h_{FE}$の5倍とした．ベース電流が$Tr_2$の定格を超えないように注意すること

図B　PNPトランジスタをオープン・コレクタで使用したハイ・サイド・スイッチ

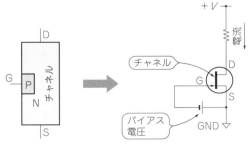

図32 NチャネルJFETの構造とON/OFFの方法

3SKはゲートが2本あるものです.
【使用法や注意など】定格電圧/電流などを守り，必

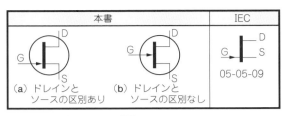

図33 NチャネルJFETの記号

要に応じて放熱器などを使用します．JFETはオーディオ用途に好まれたりしますが，バイアス用のマイナス電圧が必要なので，マイコンのI/Oなどディジタル用途には使いにくい一面があります．

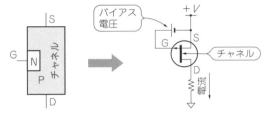

図34 PチャネルJFETの構造とON/OFFの方法

● PチャネルJFET（接合型FET）
【記号と構造】PチャネルJFETは，図34のようにP型半導体をチャネルにしてN型半導体のゲートが付いた構造になっています．もともとP型半導体がドレイン-ソース間に貫通しているので，ゲート電圧が0Vの状態でドレイン-ソース間に電流が流れます．

記号のドレイン-ソース間の棒線はチャネルを表しています．ゲートの外側を向いた矢印がPチャネルJFETのゲートの極性を示しています（図35）．

ソース-ゲート間にプラスのバイアス電圧をかけて，その電界効果を利用してソース-ドレイン間の電流を

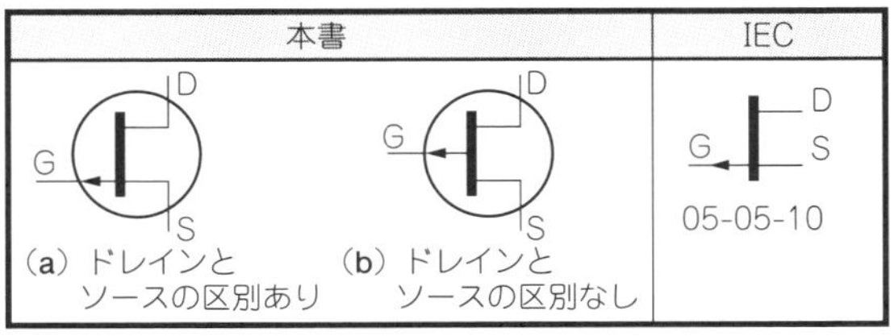

図35 PチャネルJFETの記号

制御します．本書記号のPチャネルJFETは記号が2種類ありますが，これはNチャネルJFETと同じような理由で2種類あるものと思われます．
【用途や種類】極性が違うだけでほぼNチャネルと同じような用途に使用できますが，単体で使用されることは少なく，むしろNチャネルJFETとコンプリメンタリで使用されることが多いです．
【型名など】日本製のFETはP型を2SJや3SJの型名で表しています．2SJはゲートが1本のもの，3SJはゲートが2本あるものです．

● デプリーション型NチャネルMOSFET
【記号と構造】デプリーション型NチャネルMOSFETは，ソース-ドレイン間にチャネルの半導体が貫通しています（図36）．

記号はこの構造を表していて，ソースとドレインの間がチャネルを表す棒線で繋がっています（図37）．そして，MOSFETの特徴であるゲートの絶縁状態を表すようにチャネルから離れて描かれています．サブストレート・ゲートは矢印の付いた極としてソース-ドレイン間に描かれ，それがソースに接続されています．そのサブストレート・ゲートを表す矢印が内側を向いています．この矢印の向きが，チャネルがN型でサブストレートがP型でできているNチャネルであることを示しています．
【型名など】日本製のNチャネルMOSFETは一般的

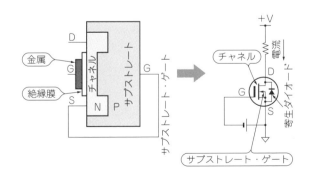

チャネルがつながっているのでゲート電圧0Vでチャネルに電流が流れる．ゲートにソースより低いバイアス電圧をかけることでチャネルがOFFする

図36 デプリーション型NチャネルMOSFETの構造とON/OFFの方法

に2SKや3SKで始まる型名が付けられています．
【識別記号】Q，Tr，FETなど
【使用法など】デプリーション型NチャネルMOSFETは，チャネルがドレイン-ソース間を繋いでいるので，ゲート-ソース間の電圧が0Vでチャネルは導通状態になります．

チャネルを流れる電流を止めるためには，ゲートにソース電位より低い単一電源範囲外のマイナスのバイアス電圧をかける必要があります．

MOSFETはドレイン-ソース間に寄生ダイオード

図37 デプリーション型NチャネルMOSFETの記号

があることに注意しなければなりません．この寄生ダイオードは，積極的にFETの保護などに用いることができます．

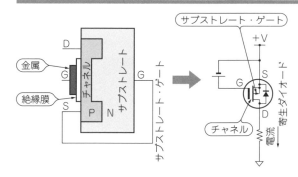

チャネルがつながっているのでゲート電圧0Vでチャネルに電流が流れる．ゲートにソースより高いバイアス電圧をかけることでチャネルがOFFする

図38 デプリーション型PチャネルMOSFETの構造とON/OFFの方法

● デプリーション型PチャネルMOSFET
【記号と構造】デプリーション型PチャネルMOSFETの記号や構造はNチャネルのものとほぼ同じです(図38)．違いはサブストレート・ゲートを表す矢印の向きがNチャネルのものとは逆です(図39)．この外向き

図39 デプリーション型PチャネルMOSFETの記号

の矢印が，サブストレートがN型，チャネルがP型でできているPチャネルであることを示しています．
【型名など】日本製のNチャネルMOSFETは一般的に2SJや3SJで始まる型名がつけられています．
【識別記号】Q，Tr，FETなど
【使用法など】デプリーション型PチャネルMOSFETは，Nチャネル型のものと同じく，チャネルがドレイン-ソース間を繋いでいるので，ゲート-ソース間の電圧が0Vでチャネルは導通状態になります．ただし，チャネルを流れる電流を止めるためには，ゲートにはNチャネルとは逆にソース電位(+電源)より高い，いわば単一電源範囲外のプラス・バイアス電圧をかける必要があります．

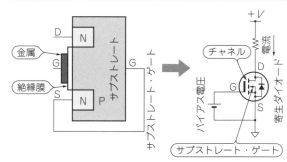

図40 エンハンスメント型NチャネルMOSFETの構造とON/OFFの方法

● エンハンスメント型NチャネルMOSFET
【記号と構造】エンハンスメント型のMOSFETは，ソースとドレインの間にチャネルが貫通していません．記号でもその構造を表していて，ソース-ドレインの間のチャネルを意味する線が切れています(図40)．

写真15 エンハンスメント型NチャネルMOSFETのいろいろ
右から：2SK2886($V_{DS}$＝50V，$I_D$＝45A，$R_{DS}$＝10mΩ，DC-DCコンバータ，モータ・ドライブなど)，2SK2782($V_{DS}$＝60V，$I_D$＝20A，$R_{DS}$＝0.039Ω，チョッパ・レギュレータ，モータ・ドライブなど)，2SK1825($V_{DS}$＝50V，$I_D$＝50mA，$R_{DS}$＝20Ω，高速スイッチング，アナログ・スイッチングなど)

MOSFETのゲートは酸化絶縁膜で本体から絶縁されており，記号でもゲートとチャネルが離れて描かれています(図41)．ソースとドレインの間にサブストレート・ゲートを示す矢印の付いた電極が描かれ，その先がソースに接続されています．Nチャネルのもの

は矢印が内向きに描かれます．

エンハンスメント型はもともとチャネルが切れているので，ソース-ゲート間電圧が0Vでは電流が流れません．ソース-ゲート間にプラス電圧を加えることで，初めてソース-ゲート間にチャネルが形成されて電流が流れるようになります．

【用途や種類】小信号用からパワー用途まで多種多様なものがあります．特にパワー用途は内部抵抗が小さくなる傾向にあり，その応用であるサーボ・モータのドライバやスイッチング電源などの製品は近年，発熱量が目立って下がってきています．

【識別記号】Q，FET，Tr

【使用上の注意】0Vバイアスで電流がOFFになることから，マイコンの手足としてのスイッチング用途に使いやすいFETです．トランジスタと違って順方向電圧がないので，大電流時の損失も内部抵抗と電流で評価できます．パワーMOSFETはゲートの入力容量が大きいので，マイコンのI/Oなどにゲートを直接つないでドライブすると，突入電流で動作が不安定になる場合があります．そのようなときは，数十Ω～100Ω程度のダンパ抵抗をゲートとドライブ回路間に入れるとよいでしょう．

図41 エンハンスメント型NチャネルMOSFETの記号

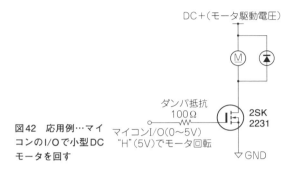

図42 応用例…マイコンのI/Oで小型DCモータを回す

図42の回路例は，マイコンから小型のDCモータを駆動する例です．マイコンの出力をつないで"H"（5V）を出力することで，MOSFETがONしてモータが回転します．

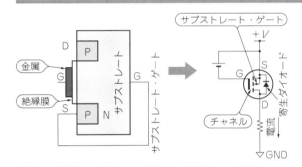

図43 エンハンスメント型PチャネルMOSFETの構造とON/OFFの方法

● エンハンスメント型PチャネルMOSFET

【記号と構造】エンハンスメント型PチャネルMOSFETは，Nチャネル品と同じ構造で，N型とP型の使い方が逆になっています（図43）．ソースとドレインの間にチャネルが貫通していません．記号でもその構造を表していて，ソースとドレインの間のチャネルを意味する線が切れています（図44）．

MOSFETのゲートは酸化絶縁膜で本体から絶縁されており，記号でもゲートとチャネルが離れて描かれています．そして，ソースとドレインの間サブストレート・ゲートを示す矢印の付いた極が描かれ，その先

写真16 エンハンスメント型PチャネルMOSFETのいろいろ
右から：2SJ477（$V_{DS}=-60V$，$I_D=25A$，$R_{DS}=45m\Omega$，スイッチングなど），2SJ334（$V_{DS}=-60V$，$I_D=30A$，$R_{DS}=29m\Omega$，スイッチング，モータ・ドライブなど），2SJ377（$V_{DS}=-60V$，$I_D=5A$，$R_{DS}=0.16\Omega$，スイッチング，小型モータ・ドライブなど），2SJ342（$V_{DS}=-50V$，$I_D=50mA$，$R_{DS}=20\Omega$，高速スイッチングなど）

がソースに接続されています．Pチャネルは，この矢印が外向きに描かれます．

エンハンスメント型MOSFETはもともとチャネルが切れているので，ソース-ゲート間電圧が0Vでは電流が流れません．Pチャネルはソース-ゲート間にマイナス電圧を加えることで，始めてソース-ゲート間にチャネルが形成されて電流が流れるようになります．

【用途や種類】エンハンスメント型NチャネルMOSFETのコンプリメンタリ品としての用途などに使用されるほか，マイコンから駆動してハイサイドをON/OFFするスイッチを簡単に構成できます．

【識別記号】Q，FET，Tr
【使用上の注意】PチャネルはOVバイアスで電流がOFFであるのはNチャネルと同じですが，ソースがプラス側になるので，直接マイコンの端子から制御するのはちょっと手間がかかります．しかし，制御電圧はプラス電源からGNDの範囲内なので，ほかのFETほど使いにくくはありません．制御する素子のプラス側を切りたいときは，エンハンスメント型PチャネルMOSFETの出番です．

図45の回路例は，マイコンから小型DCモータのプラス側をON/OFFする例（ハイ・サイド・スイッチ）です．モータの駆動電源がマイコンの電源と同一の場合はゲート回路に入ったトランジスタは必要なく，マイコン端子で直接制御することもできます．モータ駆動電源がマイコンの電源電圧より高い場合は，回路例のようにトランジスタを入れてゲートをドライブすればよいでしょう．ハイ・サイド・スイッチは安全面などの理由から，グラウンド側をON/OFFすることができない場合などに必要になります．

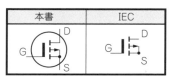
図44 エンハンスメント型PチャネルMOSFETの記号

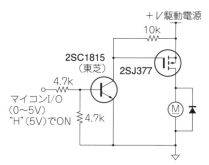
図45 応用例…マイコンのI/Oで小型DCモータを駆動するハイ・サイド・スイッチ

## 6. サイリスタ

写真17 サイリスタ
（F10JZ47；東芝）
$V_{DRM} = 600\,V$，$I_{T(avr)} = 10\,A$，電力制御双方向サイリスタ

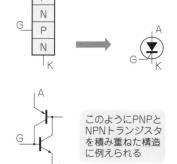
図46 サイリスタの構造

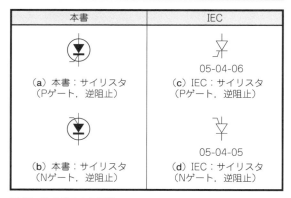
図47 サイリスタの記号

● サイリスタ
【記号と構造】サイリスタは図46のように，PNPNの接合でできています．よくPNPトランジスタとNPNトランジスタを積み重ねた構造に例えられます．

記号は，普通のダイオードにゲートを追加しただけのものです（図47）．
【用途や種類】サイリスタは主に交流の電力制御などに使われます．サイリスタはゲートの構造や機能の違いが数種類あります．
【識別記号】SC
【使用法など】サイリスタは，ゲート制御によってA-K（アノード-カソード）間をONにできますが，OFFにはできません（なかには逆のものやON/OFFできるものもある）．そして，いったんONした状態を解消するためには，A-K間の電圧をゼロにするか，逆電圧をかけるしかありません．何かとても使いにくそうに思えますが，1サイクル内に必ず0Vを通過し，逆電圧もかかる交流に対しては，はまり役になります．

● トライアック/ダイアック
【記号と構造】サイリスタの仲間には，2個のサイリスタを逆並列に接続することによって双方向の電流を制御できるようにしたものがあります．双方向サイリスタあるいはトライアックと呼びます．電球の調光などによく使われるのは双方向サイリスタで，ゲートにかける電圧の極性でONする方向を変えられます［図48(a)］．また，トライアックのゲートをコントロールするために使われるダイアックもサイリスタの仲間

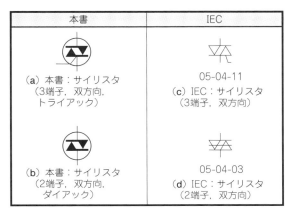

図48 トライアック/ダイアックの記号

です[図48(b)].

【用途や種類】ダイアックと呼ばれる2端子双方向サイリスタは,ある電圧になると急激に電流が流れるブレーク・オーバという性質を利用して,サイリスタのトリガを作るために使われます.

【識別記号】D

【使用法など】トライアックは交流電流のON/OFFに手軽なスイッチとして使われます.ゲートにパルス電圧をかけると,そのときの交流の極性に従って一方のサイリスタだけがONになります.このONになったサイリスタは交流の極性が反転するときに自動的にOFFになります.ゲートにパルス電圧をかけ続けると,一方のサイリスタがOFFになれば他方がONになり,というように交流の極性に従って自動的にサイリスタがONになって,連続電流を流せます.

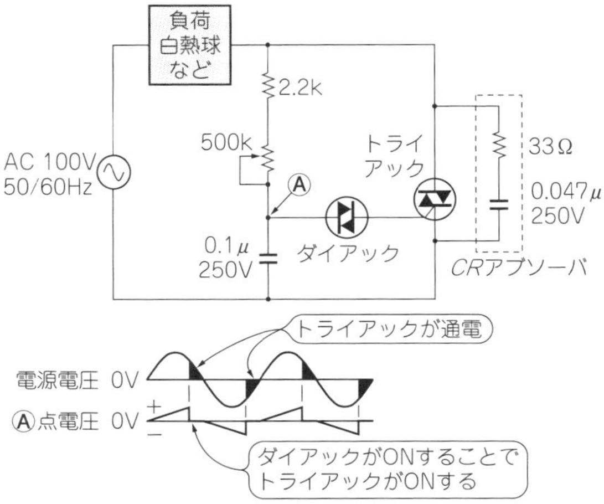

図49の回路例は,よく使われる簡単な調光回路です.図中のⒶ点の電圧がダイアックのブレーク・レベルに達するとトライアックがONし,タイミング図のように電源がゼロ・クロスする点でトライアックがOFFします.これを繰り返すことで,交流電源が通電する時間を制限して調光します.通電する時間は可変抵抗と0.1μFのコンデンサによる時定数で調整できます.

図49 応用例…サイリスタを使用した調光回路

---

## 7. 光デバイス

● フォトダイオード/フォトトランジスタ

【記号と構造】ダイオードのPN接合に光が当たると電流が発生することはよく知られています.この性質を積極的に利用した光デバイスがフォトダイオードです(図50).

記号は普通のダイオードに光の作用を示す矢印を組み合わせたものです[図51(a)].発生する電流は,ダイオードの矢印とは逆向きに流れます.

フォトトランジスタのPN接合に光が当たると普通のトランジスタのようにコレクタ-エミッタ間がONします.フォトトランジスタの記号はトランジスタのコレクタ,エミッタに光作用を表す矢印を2個付けたものです[図51(b),図51(c)].フォトトランジスタにはコレクタ・リードとエミッタ・リードの2本だけが引き出されている品と,普通のトランジスタのようにベース・リードも付いて3本足の品があります.

【用途や種類】PN接合のPNフォトダイオードとPNの間にI半導体が挟まれたPINフォトダイオードがあります.PINフォトダイオードは,PNフォトダイオ

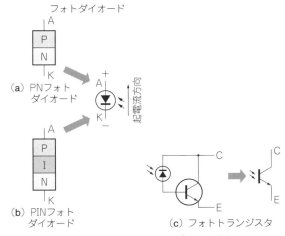

図50 フォトダイオード/フォトトランジスタの構造

ードより動作が高速だとされています.

また,雪崩効果を使った高感度のアバランシェ・フォトダイオードという品もあります.それぞれに色(光波長)の感度帯域で赤外,可視光,紫外線の特定域に感度をもった品や,受光面積の違いなど多くの種類があります.フォトトランジスタは,光によってコレクタ-エミッタ間がON/OFFする光スイッチのような動

**写真18　フォトダイオードのいろいろ**
右から：S6775（受光面サイズ5.5mm×4.8mm），BPW34（受光面サイズ2.7mm×2.7mm），PS100-7（受光面サイズ10mm×10mm）

**写真19　フォトトランジスタのいろいろ**
右：TPS601A（$V_{CEO}=40\,V$，$I_C=50\,mA$，光電式計数装置，位置検出，読み取り装置），左：ベース・リード付き，その他詳細不明

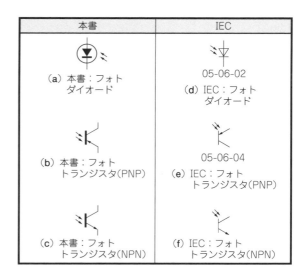

図51　フォトダイオード/フォトトランジスタの記号

作をします．
【識別記号】D, PD
【使用法など】微弱光の測定などをする場合に，光電流に比べてフォトダイオードのノイズが大きくなり，$SN$比が問題になる場合があります．そのような場合はダイオードに逆方向の電圧をかけ，逆バイアスすることでノイズの低減が期待できます．

一方，逆バイアスにすると光-電流の直線性が悪くなるので，バイアスをかけずに使うこともあります．

図52　CdSセルの構造

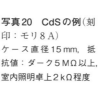

**写真20　CdSの例**（刻印：モリ8A）
ケース直径15mm，抵抗値：ダーク5MΩ以上，室内照明卓上2kΩ程度

図53　CdSセルの記号

● CdSセル
【記号と構造】CdS（硫化カドミウム）は，光の量で抵抗値が変化する特性をもち，これをセンサとして利用しています（図52）．

記号は抵抗に光の作用を表す矢印を組み合わせたものです（図53）．

CdSは低周波域では単なる抵抗として扱えるので，非常に使いやすいセンサです．しかし，環境問題の解決のために作られたRoHS指令によってカドミウムの使用が難しくなったため，国内生産は絶滅状態のようです．
【用途や種類】カメラの露出計や街灯の自動点灯装置などに広く用いられていましたが，フォト・ダイオードやフォト・セルといったほかのセンサに置き換えが進んでいるようです．
【識別記号】CdS

● LED（Light Emitting Diode）
【記号と構造】発光ダイオードです．記号そのものはダイオードで，発光を二つの矢印で表します（図54）．

ＰＮ接合になっているのは普通のダイオードと同じですが，半導体材料が違います．ヒ化ガリウム（赤系），ガリウム・リン（黄系），窒化ガリウム（青系）などが使

**写真21　LEDのいろいろ**
右から：パネル取り付け用ホルダ付きLED，φ5緑発光クリア・モールドLED，φ3緑発光/緑色モールドLED，φ3オレンジ色発光/オレンジ色モールドLED

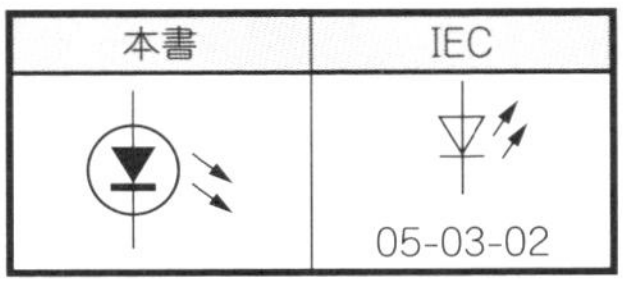

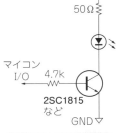

**図54　LEDの記号**

**図55　LEDの応用回路例**

われ，不純物などを入れて色合いを出しています．

**【用途や種類】**小さな表示ランプ用の品から，照明用の大きな電流が流せる品まで多様です．照明用の品が最近急激に進歩しています．チップの大光量化だけではなく，一つのパッケージに多数のLEDチップを載せて光量を大きくしたりしているようです．

**【単位など】**光源の強さはカンデラ［cd］やルーメン［lumen］が用いられ，照明の明るさはルックス［lux］が用いられます．

**【識別記号】**D，LE，PL

**【使用法など】**表示ランプなどに使う小さなもので電流は数m～10 mA程度です．

照明用の品は順方向電圧と電流で損失が発生して，LED本体からかなり大きな熱を出す場合があります．直接放熱器を取り付ける，基板のパターンを介して放熱するなどの工夫が必要になります．

図55の回路例は，$V_{CC}$（5 V）を電源として50 mA程度の高輝度LEDを駆動する例です．マイコン出力からの"H"信号で点灯します．

**写真22　フォトトランジスタ出力のフォトカプラ**
右から：TLP521-2（フォトダイオード$I_F$＝70 mA，フォトトランジスタ$V_{CEO}$＝55 V，$I_C$＝55 mA），PC817（2個入り，フォトダイオード$I_F$＝50 mA，フォトトランジスタ$V_{CEO}$＝35 V，$I_C$＝50 mA），PC817（1個入り）

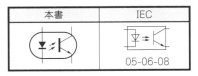

**図56　トランジスタ出力のフォトカプラの記号**

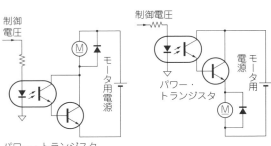

（a）ロー・サイド・スイッチ　　（b）ハイ・サイド・スイッチ

**図57　応用例…フォトカプラ（フォトトランジスタ出力）でモータを回す回路**

● **フォトカプラ**（フォトトランジスタ出力）

**【記号と構造】**図56の記号のとおり，LEDとフォトトランジスタを組み合わせたものがフォトカプラです．

**【用途や種類】**センサ信号のアイソレートやソレノイド・バルブのドライブなど，高速性を必要としない用途に広く使われています．

ほとんどがディジタル用途に使われますが，スイッチング電源の出力電圧のフィードバック制御など，あまり直線性を必要としないアナログ用途にも使用できます．

**【識別記号】**PC

**【使用法など】**小信号用のトランジスタ程度の容量なので，大きな電流を扱う場合はパワー・トランジスタをダーリントン接続して使用します．

フォトカプラによるアイソレータは，本来の回路ど

7．光デバイス

うしをアイソレートするという目的だけではなく，フロートしたトランジスタやMOSFETとして扱うことで，電位の違いなどで複雑化する回路設計をやさしくできることがあります．

図57の回路例は，フォトカプラのトランジスタ出力にNPNパワー・トランジスタをダーリントン接続してモータを回す回路です．アイソレート出力でフローティングしているので，出力トランジスタはNPNのままです．オープン・コレクタでロー・サイド・スイッチ［図57(a)］，またはオープン・エミッタでハイ・サイド・スイッチ［図57(b)］と，どちらでも使用できます．

● フォトカプラ（フォトダイオード出力）
**【記号と構造】**1次側のLEDに電流を流します．2次側のフォトダイオードは，1次側のLEDから出た光を，電圧および電流にして出力します．記号を図58に示します．
**【用途や特徴】**フォトダイオード出力はメーカの品種も少なく，一般的に使われることは少ないようです．アナログ量を直線性良く転送するために，1個のLEDに対してフォトダイオードが2個付いたフォトカプラもあります．この場合，一つのフォトダイオードは

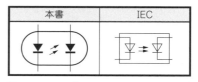

図58 フォトダイオード出力のフォトカプラの記号

LEDの光量のフィードバック調整用で，もう一つが出力用になっています．
**【識別記号】**PC

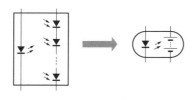

図59 電圧出力のフォトカプラの構造

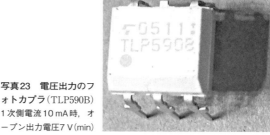

写真23 電圧出力のフォトカプラ（TLP590B）
1次側電流10 mA時，オープン出力電圧7 V(min)

● フォトカプラ（電圧出力）
**【記号と構造】**MOSFETのゲート・ドライブができる程度の電圧出力をもったフォトカプラがあります．フォトボルと呼ぶ人もいます．構造は図59のように，必要な電圧を確保できる数のフォトセルを直列につないだ構造になっています．記号は図60です．
**【用途や種類】**フォトダイオード出力の品より大きな出力電圧が得られます．電圧出力なので，送り側LEDの光量を制御することで出力電圧をリニアに変化させられるというアナログ的な用途も考えらます．もともとはMOSFETのゲート制御電圧を出す目的で作られた製品が多いようです．
**【識別記号】**PC
**【使用法など】**図61の回路例は，エンハンスメントMOSFETを2個使ったアイソレート・スイッチです．MOSFETには寄生ダイオードがあるので，そのまま双方向スイッチにはできません．そこで，この回路では二つのMOSFETのソースどうしをつなぎ合わせて対向させることで，その問題を解決しています．

フォトカプラの出力電圧は，両方のMOSFETのソース-ゲート間にかかるので，両方のMOSFETがと

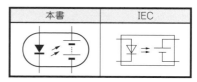

図60 電圧出力のフォトカプラの記号

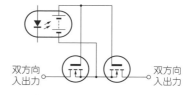

図61 応用例…アイソレート・スイッチの回路

ソリッドステート・リレーやアナログ・スイッチのように使える

もにONして双方向スイッチとして働きます．デプリーション型のMOSFETを使うとB接点（ノーマル・クローズ）も作ることができます．手品のような回路ですが，フォトMOSリレーなどという商品名で出ている品も同じ原理で動いています．

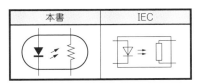

図62　CdSセル出力のフォトカプラの記号

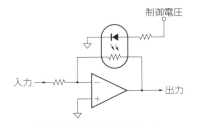

外部電圧でゲインを制御する

図63　CdSセル出力のフォトカプラの応用例

● フォトカプラ(CdSセル出力)
【記号と構造】フォトダイオードにCdSセルを組み合わせたフォトカプラです．記号を図62に示します．
【用途や種類】アナログ的な値が扱えます．CdSセルの出力に極性はなく，可変抵抗的な感覚で使用できます．フィードバック・ループの中などにも抵抗として挿入できます(図63)．
【識別記号】PC
【使用法など】CdSセルは抵抗と同等に扱えて使いやすいのですが，残念なことに国産メーカのカタログにはもう見つけられませんでした．しかし，秋葉原の店頭などでは，現在も外国メーカの品が流通しているようです．

## 8. 保護部品

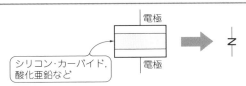

図64　バリスタの構造

写真24　バリスタの外観(Z15D220)
直径φ15 mm，電圧22 V，損失0.1 W

● バリスタ
【記号と構造】バリスタは，シリコン・カーバイドや酸化亜鉛，酸化ケイ素など，電圧が高くなると抵抗値が減る性質の材料を電極で挟んだ品です(図64)．
　電極間にバリスタの定格電圧よりも高い電圧が加わると，電極間に電流が流れ，端子間の電圧を抑制するように働きます．電極間には極性がないのでAC，DCともに使え，さまざまな異常電圧やサージ・ノイズの吸収に使えます．記号を図65に示します．
【用途や種類】バリスタの電圧や大きさ(容量)はさまざまです．極性がないので，ACで使用する油圧電磁弁用のソレノイドのサージ吸収などにディスク構造のバリスタが使われます．
　最近はICカードなどの端子を静電破壊から保護するために，積層構造の低電圧バリスタが用いられたり

---

### バリスタとシリコン保護素子　　　Column 4

　高電圧から回路を保護するための保護部品としては，大別してバリスタとシリコン保護素子があります．これは，もともとは動作原理や構造の違いから付けられた名称です．
　酸化亜鉛(ZnO)などのセラミックスの電圧-抵抗特性は，ある電圧を境に急激に変化するという非線形性をもちます．これを利用して，通常の電圧では高抵抗状態を保ち，高電圧が加わると抵抗がきわめて小さくなって端子電圧を低下させるように作った素子がバリスタです．バリスタは，Variable Resistorの略です．
　シリコン保護素子は，ツェナ・ダイオードの逆電圧がほぼ一定電圧でクランプされる性質を回路保護に利用したもので，バリスタとは原理が違うのですが，シリコン・バリスタと呼ぶこともあります．
　目的の違いによる名称もあります．バリスタは，雷サージなどの電源サージから回路を保護するために用いられることが多く，サージ・アブソーバとも呼ばれます．シリコンの場合は，シリコン・サージ・アブソーバ，サージ吸収ダイオードなどと呼びます．また，静電気放電などごく短時間の過渡電圧(トランジェント電圧)から回路を保護する目的のものは，TVS(Transient Voltage Suppressor)，TVSダイオードなどと呼ばれています．　　〈宮崎　仁〉

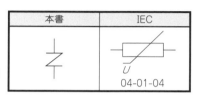

図65　バリスタの記号

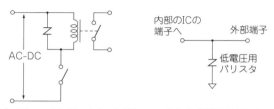

(a) リレー・コイル，ソレノイド，バルブなどのサージ吸収（ACでもDCでも使える）
(b) 外部端子からICの入力を保護する

図66　バリスタの応用回路例

しています．また，大きいものは落雷による高圧の発生を抑えるものなど，さまざまなものがあります．

**【識別記号】** ZNR

**【使用法など】** エネルギ耐量（ジュールで規定）や定格電流，定格電力があるので注意します．ACの場合，正弦波のピーク以上の電圧の品を使用するようにします．

**図66(a)**の回路例は，リレーやマグネット・コンタクタ（電磁開閉器）のサージ吸収の例です．リレーのソレノイドは，OFFするときに逆起電力で大きなサージ電圧を生じます．そのサージ電圧は，リレーを接点で駆動している場合は，その開きかけた接点間にスパークを起こし，接点の寿命を縮め，半導体で駆動している場合は破壊される場合もあります．そこで図のようにバリスタを入れることで，ソレノイドの両端に発生するバリスタ電圧以上の電圧をバリスタに吸収させて，それらの不具合を回避します．バリスタは極性がないので駆動電源がDCでもACでも使用できます．

**図66(b)**の例は，ICカードなどの露出した接点端子に発生する静電気から，内部の半導体などを守るために入れられるバリスタの例です．積層バリスタなどといった低電圧バリスタを，外部端子とグラウンドとの間に接続することで，端子に発生した高電圧がバリスタを通して内部グラウンドに落ちるため，内部の半導体などが守られます．

(a) 昔の糸ヒューズ
(b) ブレーカ

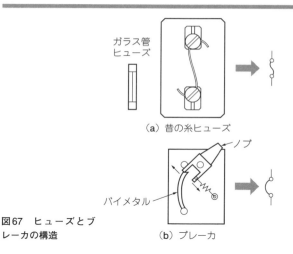

図67　ヒューズとブレーカの構造

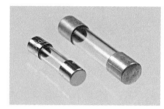

写真25(1)　ガラス管ヒューズの外観

(a) 本書：ヒューズ
(b) 本書：ブレーカ
(c) IEC：ヒューズ
(d) IEC：ブレーカ

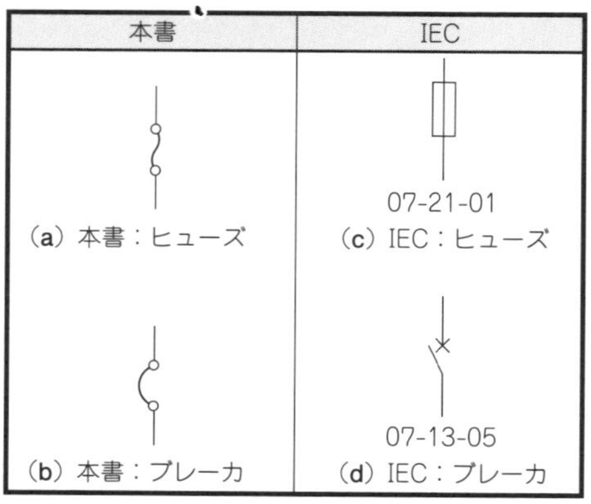

図68　ヒューズとブレーカの記号

## ● ヒューズ/ブレーカ

**【記号と構造】** 構造を**図67**に示します．ヒューズ記号は昔，家庭用に使われていた糸ヒューズをねじ端子にからげた形を表しているようです［**図68(a)**］．ブレーカ記号は，バイメタル式のブレーカの弓形（ゆみがた）に，湾曲したバイメタルの形を記号にしたものだと思われます［**図68(b)**］．

IECのヒューズの記号はガラス管のものに似ています［**図68(c)**］．IECのブレーカは普通の接点にX印を付けたものです［**図68(d)**］．

**【用途や種類】** ヒューズもブレーカも過電流保護器です．突入電流が大きい回路への対応として，ヒューズはタイムラグ・ヒューズ，またブレーカは反応時間の違うものが何種類か用意されている場合があります．

ブレーカは，ヒューズ・ホルダの代わりに使用できるような簡単な片切りから単相両切り，3相用などがあります．

**【識別記号】** ヒューズ：F，FS，ブレーカ：BL，NFB

**【使用法など】** 商用電源に接続する機器は安全上，必

ず過電流保護をする必要があります．サーボ・モータなど過負荷や機械的な拘束などで過電流を起こす可能性のあるデバイスにも，過電流保護を施すのが望ましいでしょう．機械装置などによっては，ブレーカがトリップした状態で動作を開始すると危険な状態になる装置があります．そのような装置は，トリップ・モニタ用の補助接点のついたブレーカを使用したりリレーを使うなどして，トリップ状態を監視します．

## 9．温度センサ

（a）自動車用温度センサ　　（b）OA用温度センサ

**写真26**[(2)]　サーミスタの外観

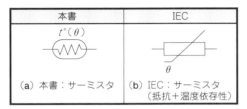

（a）本書：サーミスタ　　（b）IEC：サーミスタ
　　　　　　　　　　　　　（抵抗＋温度依存性）

**図69**　サーミスタの記号

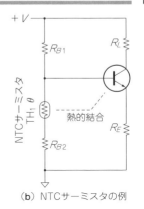

（a）PTCサーミスタの例　　（b）NTCサーミスタの例

**図70**　サーミスタの応用回路例

● サーミスタ

【**記号と構造**】サーミスタは温度に比例して抵抗値が変化します．極性はなく，ほぼ抵抗と同じように扱えます．記号は抵抗の記号に温度依存性を示す$t°$か$\theta$を付けたものです［**図69**(a)］．IECの記号の場合は，抵抗の記号にグラフを形取った棒線を引き，温度依存の$\theta$を付けて表します［**図69**(b)］．

【**用途や種類**】サーミスタは温度上昇で抵抗値が下降するNTC(Negative Temperature Coefficient)型と，その逆のPTC(Positive Temperature Coefficient)型があります．NTC型は温度に対してなだらかなカーブをもっているので，主に周囲温度の測定や制御などに用いられます．また，PTC型は温度が上がると急激に抵抗値が上昇します．PTC型は電流を通すことで自己発熱する品があり，このような品は発熱でサーミスタの抵抗値が上がり，電流を自己規制するように働きます．この性質を利用して自己温度管理型のヒータとしても用いられたり，自己発熱を検知して働く電流規制デバイスとしても用いられます．

【**識別記号**】TH

【**使用法など**】周囲温度の測定によく使用されるNTC型でも，温度と抵抗値の関係は直線ではありません．数値を直読できる温度計を作るには，メーカから公開されている定数や近似式を使ってリニアライズしたり，実際に作ったセットで温度をプロットして直線に補間したりする必要があります．

**図70**の回路例は，トランジスタの熱暴走を防止するために，トランジスタのバイアス回路にサーミスタを使用した例です．トランジスタを損失の大きい状態で使うとき，トランジスタが発熱することでより電流が流れて発熱量が増す熱暴走という状態に陥ることがあり，そのまま放っておくとトランジスタが熱破壊を起こしてしまいます．

**図70**(a)はバイアス回路のベース抵抗にPTCサーミスタを入れてあります．サーミスタはトランジスタ本体または放熱器に取り付けて，熱的に強く結合するようにします．トランジスタの温度が上がるとPTCサーミスタの抵抗値が上がるので，$R_{B2}$と$R_{B1}+TH_1$の分圧の関係でトランジスタのベース電位が下がり，その結果トランジスタに流れる電流も減少します．そして，安定的に落ち着くバイアス点で平衡します．

**図70**(b)のNTCの例は，サーミスタの温度係数がPTCとは逆なので，ベース抵抗の$R_{B2}$側に加担するように入れてありますが動作は同じです．

● 熱電対

【**記号と構造**】熱電対は，異種金属の結合点に生じる熱起電力を利用した温度センサです（**図71**）．使用する金属の種類によって，多くの種類や温度範囲の品があります．記号は二つの金属線を1点で結んだ形を表しています．IECの記号は，金属線の極性を文字で表したもの［**図72**(b)］と，マイナス側の金属線を太線で表したもの［**図72**(c)］があります．

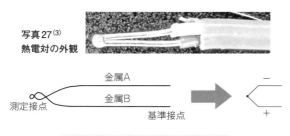

写真27(3) 熱電対の外観

図71 熱電対の構造

測定接点と基準接点の温度差で発生する熱起電力で温度測定をする

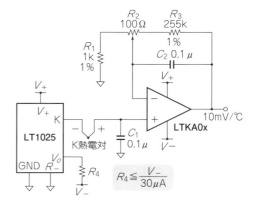

図72 熱電対の記号

【用途や特徴】
熱電対の主な種類はJISの呼び名で，
- K($-200 \sim +1200$℃)
- E($-200 \sim +800$℃)
- J($-200 \sim +750$℃)
- T($-200 \sim +350$℃)
- B($+500 \sim +1700$℃)
- R($0 \sim +1600$℃)
- S($0 \sim +1600$℃)

などがあります．なかでも特に，K型と呼ばれるクロメルとアルメルという合金線を使ったものが広く使われています．

【使用法など】熱電対の動作原理である熱起電力が，その導体の両端の温度差で発生します．簡単に先端の温度を測定するためには，その導体の片方の端を基準点として，氷水などを使って0℃に保つ必要があります．このとき基準点と測定点の間の導体に，ほかの金属を使ってはいけません．そのため熱電対には，それぞれ延長するための専用の線がペアになった温度補償線が用意されています．コネクタも専用のものを使います．実際には氷水などを常に持って歩けないので，

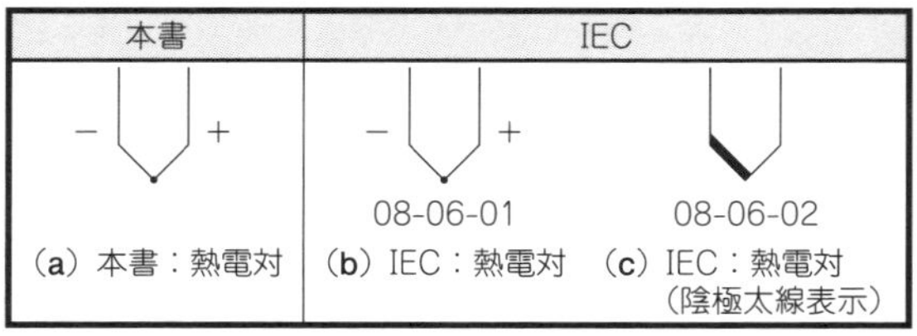

図73 応用例…熱電対用の冷点電圧補償器LT1025を使った測定用プリアンプ

基準点側の温度を測って数値的に補正したり，電熱による基準温度を作って測定したりします．

図73の回路例は，熱電対用の冷点電圧補償器LT1025を使った測定用プリアンプの例です．熱電対冷点電圧補償器は，熱電対の基準点側に温度に応じた電圧を出力するので，冷点回りの回路などを簡略化できます．この熱電対冷点補償器はJ，K，E，Tの熱電対に対応した出力をもっています．図73はリニアテクノロジーのアプリケーション・ノートに掲載されている回路です．

## 10. リレー

### ● 電磁リレー

【記号と構造】電磁リレー(Electro-Magnetic Relay)は，電磁石によって鉄片などを引き付け，その力で接点をON/OFFする機械的な仕掛けでできています(図74)．機械式リレー，メカニカル・リレー，有接点リレーなどとも呼びます．記号は，その仕掛けをよく表現しています(図75)．図面上でリレーのコイルと接点の使用位置が離れている場合や多接点のものの場合，連結を示す点線が書ききれないことも多く，そのような場合，接点とコイルに同じ識別名のタグ(CR1，CR2…など)を書くことで済ます場合があります．

【種類や特徴】リレーや電磁開閉器は，小さいものは

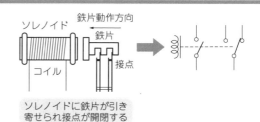

ソレノイドに鉄片が引き寄せられ接点が開閉する

図74 電磁リレーの構造

DIP IC程度の大きさのものから，接点容量が数百A程度のものまで，非常に多くの種類が普通に手に入ります．接点数もa接点(ノーマリ・オープン)1個だけの品から，ab(オープン・クローズ)多接点の品まであります．また，身体の安全などにかかわる用途に使用するための，接点溶着異常検出用の接点がついたセ

写真28[(3)]
電磁リレーの外観　（a）形G2R-1A　（b）形G6JY-2FL-Y

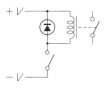
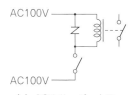

（a）DCのサージ・キラー　　（c）ACのサージ・キラー（バリスタ）

| 本書 | IEC |
|---|---|
| （記号） | （記号） |

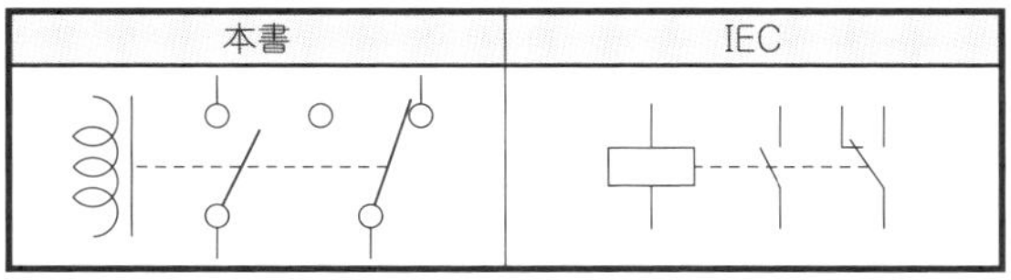

図75　電磁リレーの記号
双極単投双投（1a1ab）

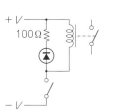
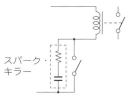

（b）DCのサージ・キラー（ダイオードが発熱する場合）　　（d）ACのサージ・キラー，スパーク・キラー（スパーク・キラーは駆動接点，コイルどちらに取り付けても有効）

図76　電磁リレーの駆動回路

イフティ・リレーという品もあります．
【識別記号】RY，CR
【使用法など】機械接点のリレーはチャタリングが問題になることがあります．このような場合，チャタリング回避のために接点に並列にコンデンサを入れたくなりますが，小さなコンデンサでも突入電流で接点が溶着して開かなくなったり，短時間で焼損してしまったりする可能性があるので避けてください．どうしてもコンデンサを入れる場合は，数十〜数百Ω程度の抵抗を直列に接続して使用します．

　機械接点のリレーは動作遅延があったり接点寿命の問題などが言われたり，機械仕掛けのなんとなく古臭い雰囲気だからか敬遠されがちです．しかし，基板取り付けの品でも，ソケットが使用できる品もあるので，交換を前提にしてしまえば保守性は案外よかったりします．また，当然制限はありますがACでもDCでも扱える機械接点の気楽さは捨てがたいものがあります．最近はあまり見かけなくなりましたが，リレーだけを使ったシーケンスでも結構器用に機械制御ができたりするものです．

　図76の回路例は，リレー・ソレノイドの逆起電力によるサージ吸収回路です．図76(a)，図76(b)はダイオードを使ったDC用です．図76(c)はバリスタを使ったAC用，図76(d)は「スパーク・キラー」などという商品名で売られている部品で，内部はCRを組み合わせたものです．これはソレノイドに並列に使っても接点に使っても効果があります．

## 接点の種類と呼び方　　　　　　　　　　　　　　　Column 5

　接点の状態は，ON/OFFではなく，オープン（開）／クローズ（閉）で区別します．

　接点の種類は，通常時は接点が開いていて操作によって接点が閉じるメイク接点と，通常時は接点が閉じていて操作によって接点が開くブレーク接点に大別されます．また，メイク接点とブレーク接点を組み合わせて同時に操作できるようにしたものは，チェンジオーバ接点などと呼ばれます．

　図面などに簡略に書くため，メイク接点はa接点あるいはNO接点，ブレーク接点はb接点あるいはNC接点とも呼ばれます．チェンジオーバ接点はc接点，ab接点，NONC接点などとも呼ばれます．

　さらに，チェンジオーバ接点のように二つの接点を切り替える用途では，通常は二つの接点が同時に

表B　接点の種類と呼び方

| メイク（アーバイト） | a | ノーマリ・オープン | NO | 常時開 |
|---|---|---|---|---|
| ブレーク | b | ノーマリ・クローズ | NC | 常時閉 |
| チェンジオーバ | c | トランスファ | NONC | 切り替え |

クローズになって短絡するのを防ぐため，BBM（break before make）接点を使います．BBMとは，先にブレークしてからメイクするという動作であり，切替時に両接点が一瞬オープンになります．

　用途によっては，両接点が同時にオープンになるのは好ましくなく，オーバラップしながら切り替えられるほうがよい場合があります．その場合は，先にメイクしてからブレークするという，MBB（make before break）接点を使います．　〈宮崎 仁〉

● SSR
【記号と構造】SSR（Solid-State Relay）は，半導体スイッチを使用した無接点のリレーです．ここで，Solid-Stateは『固体』という意味ですが，真空管に代わってゲルマニウムやシリコンのトランジスタが普及した時代に，半導体を指して使われていた用語です．

リレーのもつ大きな特長は，入力側と出力側が電気的に絶縁されているので，高電圧や大電流の負荷（出力側）に触れることなく安全に制御できることです．電磁リレーはコイル（電磁石）によって磁気的に入出力間を結合し，電気的に絶縁します．SSRはフォトカプラを用いて光学的に入出力間を結合し，電気的に絶縁します．

一般的なトライアック出力のSSRは，入力側に発光素子としてLED，受光素子としてフォトトライアックを組み合わせたフォトカプラを使用して絶縁を行います．さらに，フォトカプラが発生したトリガ信号で，主回路のトライアックを駆動します．さらに，フォトカプラとトライアックの間にゼロクロス検出回路を設けて，負荷電圧が0VのときにトライアックのON/OFFを切り替えるようにした低ノイズ・タイプもあります．SSRには特別な図記号はないので，それ

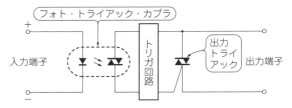

図77 SSRの記号の例（パナソニックAQ-H）

ぞれの製品ごとに内部構成を簡略化して図示することが多いです．図77はDC入力/AC出力できわめてシンプルに構成された製品の記号例です．

【種類や特徴】電磁リレーは通常DC負荷にもAC負荷にも使用できますが，SSRは出力にトライアックを使用したAC負荷用が一般的です．負荷が大きいほど外形も大きくなり，小容量のものはSIP型，大容量のものは箱型になります．

出力にMOSFETを使用したものもあって，電磁リレーと同様にDC用やディジタル信号用として使用可能です．ただし，これはSSRとは呼ばず，フォトMOSリレー，MOSFETリレー，光MOSFETなどと呼ぶことが多いようです．　　　　　　　　　〈宮崎 仁〉

# 11. 各種IC

● OPアンプ
【記号と構造】OPアンプは差動増幅器です．直流演算増幅器などとも呼ばれます．オープン・ループでは非常に高い増幅率がありますが，通常は負帰還をかけて必要な増幅率にして使います．入力はプラスとマイナスの二つがあり，出力は一つです．一つのICパッケージにいくつかのOPアンプが入っている品もあり，回路図が込み合うのを避けるために個々の電源端子を省略する場合［図78(a)］と，OPアンプの記号上に電源端子を明記する場合［図78(b)］があります．コンパレータの記号も普通はOPアンプの記号をそのまま用います．

【用途や種類】OPアンプを使うことで，センサ信号を直流から安定して増幅できるようになりました．もちろん音声信号増幅などの交流結合にも使えます．出力にパワー・アンプを組み込んだ品もあり，直接スピーカなどを鳴らせるほどの出力をもった品もあります．OPアンプの解説書などを見ると，演算回路など多くの応用例が出てきます．

【識別記号】U，IC
【使用法など】教科書では理想増幅器などと言われていますが，個々のOPアンプの持つ帯域を外れると理想とは程遠い状態になってしまいます．あらかじめ不

写真29 OPアンプの外観
右から：741（元祖OPアンプ），LF356（JFET入力，高入力インピーダンス，低雑音），TL084（4回路入り，JFET入力，高入力インピーダンス）

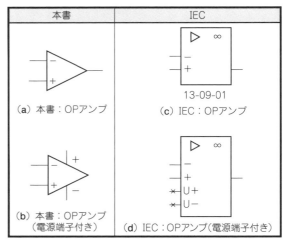

図78 OPアンプの記号

要な帯域の信号は，入力の前にフィルタで切り落とすなどの処理が必要です．

OPアンプのカタログには，レール・ツー・レールやフル・スイングなどとうたわれた品があります．これは，OPアンプの入力と出力がほぼ電源域の上下限まで振れることを意味しています．それ以外の品は，出力が電源電圧まで振れないか，または入力がある範囲を越えると出力が追従せず，かえって下がってしまう品もあるので注意が必要です．

コンパレータとして売られている品もOPアンプと記号は同じです．しかしコンパレータは，オープン・ループでの出力の反転の速さを確保するために途中の直線性が犠牲になっているようなので，流用は避けたほうがよいでしょう．逆に，OPアンプをコンパレータとして使う場合は，レール・ツー・レールの品を使って，出力の反転速度に目をつぶります．

**図79**の回路例は，反転増幅回路と非反転増幅回路の例です．これらの回路では，出力が飽和しない範囲ではOPアンプの-入力ピンは+入力ピンと同じ電圧に追従するように出力が制御されます（バーチャル・

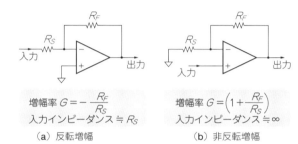

(a) 反転増幅　　(b) 非反転増幅

図79　応用例…OPアンプによる増幅回路

ショート）．そのため，反転増幅回路［**図79(a)**］の-入力ピンは見かけ上グラウンドになり，入力インピーダンスは$R_S$の値です．そして，出力ピンの電位は$R_S$を通った電流が見かけ上すべて$R_F$を通って流れる電位になります．

非反転増幅増幅［**図79(b)**］の+入力ピンは入力信号と同じ電圧になるので，入力インピーダンスは無限大です．そして，出力は-入力ピンが+入力ピンと同じ電位に追従するような電位になります．このようにして信号が増幅されます．

写真30　3端子レギュレータの外観

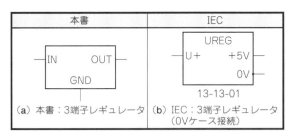

図80　3端子レギュレータの記号

● 3端子レギュレータ

**【記号と動作】**3端子レギュレータを使うと，高めの電圧から必要な電圧を作り出すことができます．記号はJISには特に規定がないようですが，一般的には四角い機能ブロックとして使われています［**図80(a)**］．INは入力，OUTは出力，GNDは0V端子です．IECは記号が規定されています［**図80(b)**］．図中の"UREG"

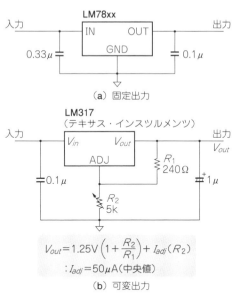

(a) 固定出力

(b) 可変出力

図81　3端子レギュレータの応用回路

は電圧レギュレータを意味します．端子はU+が入力，+5V(5Vの場合)が出力，0Vがグラウンド端子です．

**【種類や特徴】**3端子レギュレータのうちLM78シリーズは5, 6, 8, 9, 10, 12, 15, 18, 24Vと，多くの電圧がそろっています．また，マイナス電圧用のLM79シリーズもあります．また，2.7Vや3.3Vの品も複数のメーカから出されています．LM317は出力電圧が1.27Vで，これは外部に抵抗と可変抵抗の分圧

回路を付けて出力を可変にして使用することが前提の製品です．どれも数点の抵抗やコンデンサと組み合わせることで，直流電源を必要な電圧で安定化できます．
【識別記号】U，IC
【使用法など】3端子レギュレータの入力電圧は，出力電圧とデバイス・メーカの定める電圧マージンを足したぶんの電圧が必要です．出力電圧と入力電圧の差は，すべて3端子レギュレータに加わります．入出力の電圧差が大きく出力電流が増えれば，3端子レギュレータが引き受ける損失は増えて発熱量も増えます．簡単に使えるだけに，損失の算定などはしっかりしておかないと後で発熱に泣かされることになります．LM78/79シリーズやLM317は，足ピンの接続が違うので同時に使用する場合には注意が必要です．

図81(a)の回路例は，78xxシリーズの固定出力の3端子レギュレータの回路です．入力側はすでに十分に平滑化されていることを前提にしています．図81(b)は，LM317を使って可変出力とした例です．

● アナログ・スイッチ
【記号と構造】アナログ・スイッチの接点に相当する部分は，トランスミッション・ゲートと呼ばれるエンハンスメント型NチャネルとPチャネルMOSFETを組み合わせた構造です．これにそれぞれのゲートの制御回路が付属しています(図82)．イメージはリレーに似ています．本書記号はひし形と三角形を組み合わせた形[図83(a)]，IECの記号は四角い機能ブロックに制御信号と双方向のピンを付けたものです[図83(b)]．ピンに付けたアナログ記号と双方向記号は省略可能です．
【用途や種類】実際のアナログ・スイッチICは，リレーのようにいくつかのa接点(ノーマリ・オープン)やb接点(ノーマリ・クローズ)のスイッチをもったものや，マルチプレクサ，データ・セレクタなどと呼ばれる多数の端子の一つとコモン端子をつなぐような構造のものがあります．多数の端子をもつワンチップ・マイコンに内蔵されているA-Dコンバータは，マルチプレクサで一つの端子を選択してA-D変換を行うようになっているものがほとんどです．
【識別記号】U，IC
【使用法など】アナログ・スイッチのトランスミッション・ゲートは，電源電圧やグラウンド電位からフロートしているわけではないので，使用できるのは電源電圧からグラウンドまでの電圧範囲です．±15Vで動いているOPアンプのフル・スイングを74HC4066で扱うことはできません．アナログ・スイッチはオン抵抗があります．低オン抵抗をうたったものもありますが，HD74HC4066は200Ω@4.5V，25℃と結構大きいので，スイッチの代替として使用するには，その点に注意する必要があります．

図84の回路例は，アナログ・スイッチを使ったサンプル&ホールド回路の例です．ホールド用のコンデンサはループ外にあり，単純に電圧をホールドします．入力はボルテージ・フォロワ($IC_{1a}$)で，$C_1$の充電のためのインピーダンスを下げています．出力もボルテージ・フォロワ($IC_{1b}$)を付けて，電圧のホールド時間を稼ぐとともに，出力インピーダンスを下げています．

アナログ・スイッチをONすると，$IC_{1a}$の出力電圧

写真31　アナログ・スイッチICの外観
上から：HD74HC4066 (4回路入り，ON抵抗最大200Ω，4.5V/25℃)，MAX323(2回路入り，ON抵抗最大60Ω)

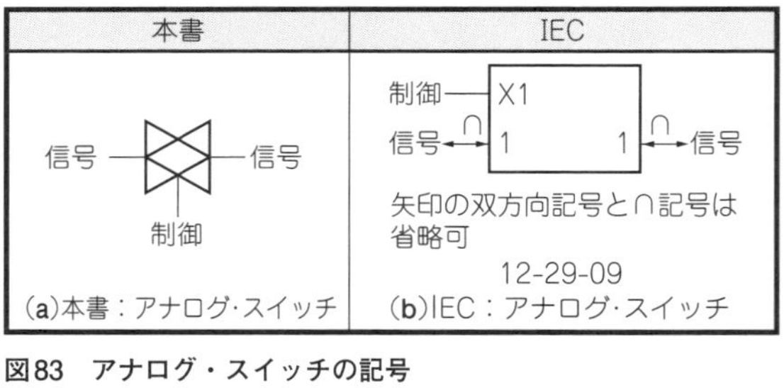

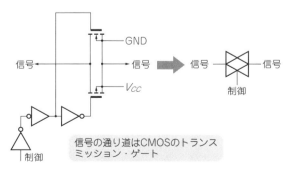

図82　アナログ・スイッチの構造

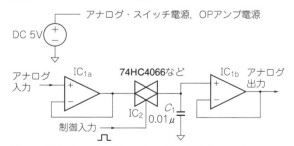

図83　アナログ・スイッチの記号

図84　応用例…アナログ・スイッチを利用したサンプル&ホールド回路

がアナログ・スイッチIC₂を通して$C_1$に充電されます．

充電後アナログ・スイッチをOFFすると，$C_1$の自然放電に従って保持電圧がゆっくり下がっていきます．

充電時にアナログ・スイッチのオン抵抗が大きいと充電時間が長く必要になり，アナログ・スイッチのON時間が長くなります．

● ロジック・ゲートIC

【記号と構造】ロジック・ゲートの記号は，基本的にはAND，OR，バッファ（三角印）に，NOTを示す丸印やシュミット・トリガ，オープン・コレクタなどを組み合わせて，さまざまな論理回路を表します．図面上は74シリーズなどにない記号でも作れてしまいます．

図85の記号をゲートの種類で分類すると，図85(a)，(f)，(k)，(o)，(m)，(q)はNOT（インバータ）で反転です．図85(b)，(g)，(l)，(p)はANDゲート，入力がすべて"H"で出力が"H"，それ以外は出力が"L"です．図85(c)，(h)はNANDゲート，入力がすべて"H"で出力は"L"，それ以外は出力が"H"です．図85(d)，(i)，(n)，(r)はORゲート，入力の一部または全部が"H"で出力は"H"，それ以外は出力が"L"です．図85(e)，(j)はNORゲート，入力の一部または全部が"H"で出力は"L"，それ以外は"H"です．

図85の棒線より右側にある記号は，入力または出力に特殊な機能をもったものです．図85(k)，(l)，(o)，(p)は入力がシュミット・トリガになっている品の記号です．本書記号，IEC記号ともに，ゲート記号の中にヒステリシスを表す記号が描かれています．

写真32 ロジック・ゲートICの外観

図85(m)，(n)，(q)，(r)はオープン・コレクタ，またはオープン・ドレイン出力です．本書記号は出力付近を塗りつぶしてあり，IECの記号は出力ピン近傍にひし形と下線の記号が描かれています．

【識別記号】U，IC（パッケージに複数のロジックが入っている場合はa, bなどを付けて$U_{1a}$，$IC_{2b}$などとする）

【使用法や注意】シュミット・トリガは入力の閾値に

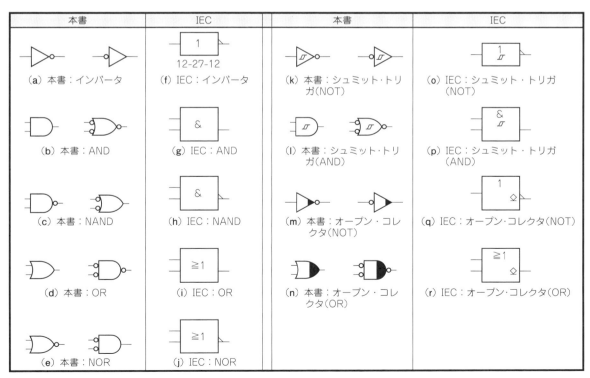

図85 ロジック・ゲートの記号

ヒステリシスをもっています．"H"，"L"に確定しがたいような中間レベルの信号や，外部から引いてきた信号にノイズが乗って，普通のロジックICではチャタリングして不安定になってしまう場合などに，シュミット・トリガ・タイプに変更することで安定する場合があります．

オープン・コレクタやオープン・ドレイン出力は，ワイヤードORにしたり出力電圧レベルを変換したりする用途に使用できます．レベル変換の場合は，出力最大電圧を越えないように定格に注意します．

## 12. スイッチ

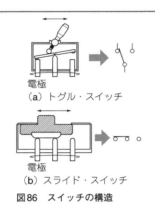

図86 スイッチの構造

写真33 スイッチのいろいろ
右上：スライド・スイッチ(SPDT)，左上：トグル・スイッチ(SPDT，中点付き)，右下：スライド・スイッチ(DPDT)，左下：押しボタン・スイッチ(SPST，ノーマリ・オープン)

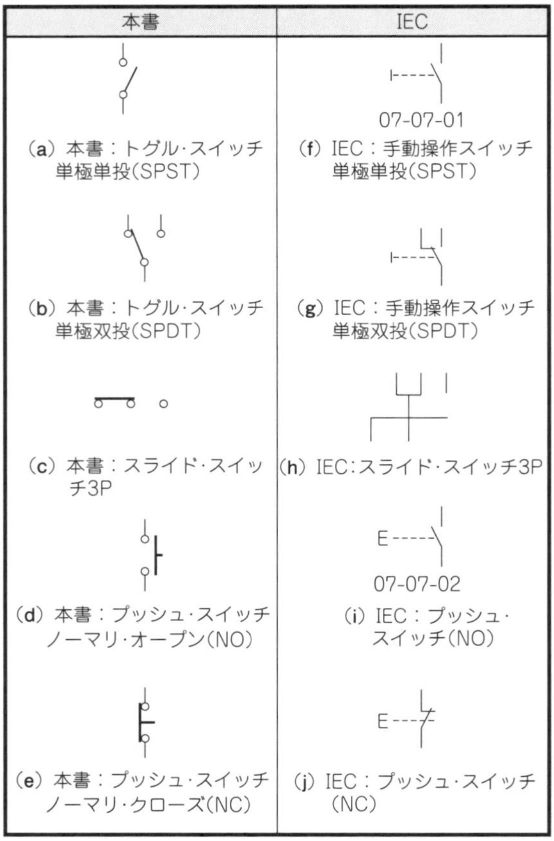

● トグル・スイッチ/スライド・スイッチ/プッシュ・スイッチ

【記号と構造】図86に示すように，スイッチはメカ部品です．記号はその構造を忠実に表しています．

図87にスイッチの記号あれこれを示します．図87(a)，(f)は片切りトグル・スイッチ，図87(b)，(g)は両切りトグル・スイッチです．図87(c)，(h)はスライド・スイッチです．図87(d)，(i)はプッシュ・スイッチで，押してONするノーマリ・オープン品です．図87(e)，(j)はプッシュ・スイッチで，押してOFFするノーマリ・クローズ品です．

スイッチの構造で特に注意する必要があるのは，ロータリ・スイッチの接点です．

【用途や種類】プッシュ・ボタン，トグル・スイッチ，キーボード・スイッチ，操作したときだけONするモーメンタリ動作や操作するたびにONとOFFが切り替わるオルタネート動作など，用途や動作，大きさも数え切れないほどあります．また，安全を追求するためのスイッチには，ねじり+押し動作や半押し状態だけでONする安全確認用のイネーブル・スイッチなど，さまざまに進化したものがあります．記号では表しきれないものや特殊なものは，図面上にコメントを付けて説明しなければならない場合もあります．

【識別記号】SW

【使用法など】接点容量と耐圧に注意して使用します．スイッチで直接，ソレノイドやリレー・コイルを駆動する場合は，コイルにサージ・キラーやスパーク・キラーを入れて，スイッチ接点の焼損を防ぐようにします．

| 本書 | IEC |
|---|---|
| (a) 本書：トグル・スイッチ 単極単投(SPST) | 07-07-01 (f) IEC：手動操作スイッチ 単極単投(SPST) |
| (b) 本書：トグル・スイッチ 単極双投(SPDT) | (g) IEC：手動操作スイッチ 単極双投(SPDT) |
| (c) 本書：スライド・スイッチ3P | (h) IEC：スライド・スイッチ3P |
| (d) 本書：プッシュ・スイッチ ノーマリ・オープン(NO) | 07-07-02 (i) IEC：プッシュ・スイッチ(NO) |
| (e) 本書：プッシュ・スイッチ ノーマリ・クローズ(NC) | (j) IEC：プッシュ・スイッチ(NC) |

図87 トグル・スイッチ，スライド・スイッチ，プッシュ・スイッチの記号

す．スイッチの切り替え時に接点がバウンドして短時間に何度かON/OFFを繰り返してしまうことをチャタリングといいます．このチャタリングを回避するために，接点に並列にコンデンサを入れてはいけません．

コンデンサの放電による突入電流でスイッチ接点が短時間で焼損してしまうか，コンデンサの容量が大きいと接点が溶着して切れなくなってしまいます．どうしてもコンデンサを取り付けたい場合は，コンデンサに直列に数十Ωから数百Ω程度の抵抗を入れて突入電流を緩和するようにします．

スイッチを取り付けるときの方向についてですが，トグル・スイッチはノブの倒し方向とスイッチの接点の方向が逆なので注意が必要です．うっかり間違えると，せっかくパネルのスイッチ取り付け穴に入れた回り止めの切り欠きをヤスリで擦り下ろすはめになったりします．

| 本書 | IEC |
|---|---|
|  (a) 本書：ロータリ・スイッチ(4極) | 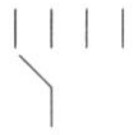 07-11-05 (b) IEC：多段スイッチ(4極) |

図88 ロータリ・スイッチの記号

● ロータリ・スイッチ

【記号と構造】回転式の可動接点を用いて，複数の極から一つを選択するスイッチです．ショーティング・タイプとノンショーティング・タイプがありますが，図88のように記号は共通です．

【用途や種類】レンジ切り替え，チャネル切り替えなど，さまざまな切り替え用として用います．

【識別記号】SW

【使用法など】ロータリ・スイッチは，図89(a)のように，切り替え動作中にロータが隣り合う接点どうしをショートして渡るショーティング・タイプと，図89(b)のように，ロータがいったんすべての接点から

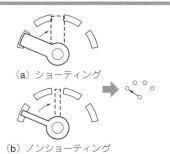

(a) ショーティング

(b) ノンショーティング

図89 スイッチの構造

はなれてから次の接点に接触するノンショーティング・タイプがあります．ショーティング・タイプは抵抗のアレイを切り替える際に，回路がオープンになってしまう瞬間があるのを嫌う場合に使用します．

ロータリ・スイッチはショーティング・タイプとノンショーティング・タイプを間違えると，回路によっては壊してしまうことがあるので，使用するときはカタログなどでよく確認してください．

## 13. マイクロフォン/スピーカ

● マイクロフォン

【記号と構造】音声(空気の振動)を電気信号に変換するのがマイクロフォンです．さまざまな方式のものがありますが，代表的なのはダイナミック型とコンデンサ型です．ダイナミック・マイクは，振動板に付いたコイルがマグネットの磁界の中に配置されています[図90(a)]．記号はこの振動板とコイルを表したものでしょう[図91(a)]．コンデンサ・マイクは，振動板がコンデンサの片方の電極になっています[図90(b)]．

【用途や種類】マイクロフォンは，駅の放送やカラオケ，携帯電話やビデオ・カメラなど，身の回りのものだけでも広範囲に使われています．携帯電話などの小型の機器に組み込まれているのは，ほとんどが小型のエレクトレット・コンデンサ・マイクです．

【識別記号】MIC

【使用法や注意】ダイナミック・マイクは音声で振動板が振動することで弱い電圧信号を出力するので，それを増幅します．増幅にはもちろん電源が必要ですが，マイク自体の電源は不要です．

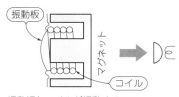

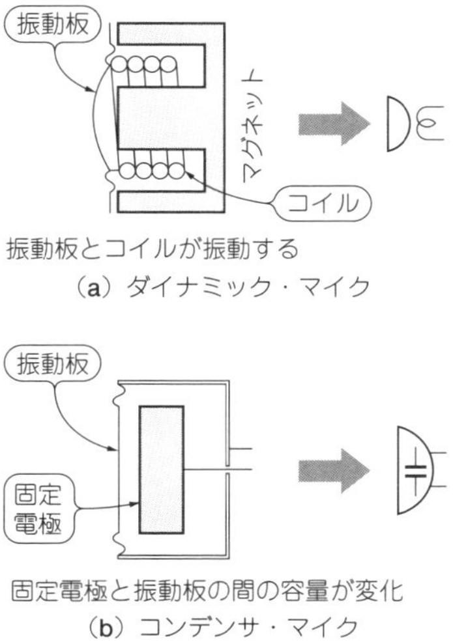

振動板とコイルが振動する
(a) ダイナミック・マイク

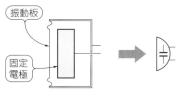

固定電極と振動板の間の容量が変化
(b) コンデンサ・マイク

図90 マイクロフォンの構造

コンデンサ・マイクはそのまま音声を入力しても信号出力は得られません．コンデンサ・マイクは電圧をかけて出力を得る必要があります．さらに，そのままではインピーダンスが高く，小さな信号しか得られないので，小型汎用コンデンサ・マイクはプリアンプやインピーダンス変換回路が内蔵されているものが多く

図91 マイクロフォンの記号

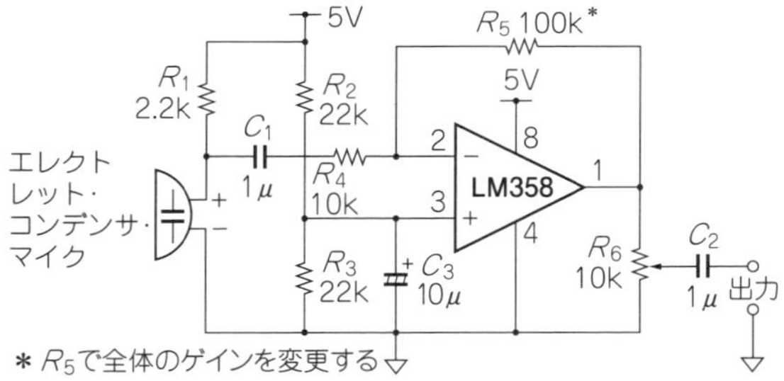

図92 マイク・アンプの回路例

あります．出力インピーダンスが低く使いやすくなっています．

回路例（図92）はOPアンプをマイク・アンプにした例です．OPアンプの使い方は反転増幅回路です．$R_1$はコンデンサ・マイクの電圧供給です．$R_2$，$R_3$で電源を1/2に分圧して，パスコンの$C_3$をグラウンド側に付けてOPアンプのバイアスにしています．全体のゲインは$R_5$と$R_4$のフィードバック抵抗で変更できます．$R_6$は出力ゲインの調整です．

● スピーカ

【記号と構造】電気信号を音声（空気の振動）に変換するのがスピーカです．さまざまな方式がありますが，代表的なのはダイナミック型と圧電型です．それぞれの構造を図93に示します．コーン（振動板）をコイルで駆動するダイナミック・スピーカの記号は，コーンとコイルを表したもののようです［図94（a）］．

小型の機器やマイコンの出力を使った発音や音声再生は圧電スピーカが使われています．昔は，水晶のもつ圧電特性を利用したクリスタル・スピーカが使われていました．その後，さまざまな圧電素子（ピエゾ素子）が実用化され，スピーカにも使われるようになりました．これらの構造上，クリスタル・スピーカの記号を使用するのが妥当でしょう［図94（c）］．また，IECの記号にはスピーカの構造上の違いは表さないようです．

【用途や種類】大きな劇場用のスピーカもハイファイ・ヘッドフォンもほぼ構造は同じです．考えてみれば，屋内から屋外まで用途は数え上げればきりがありません．

なお，ダイナミック・スピーカの構造は，ダイナミック・マイクロフォンと同じです．小型のダイナミック・スピーカをマイクに兼用している装置もあります．

【識別記号】SP

【使用法や注意】圧電スピーカはマイコン端子から直接駆動しても音になります．

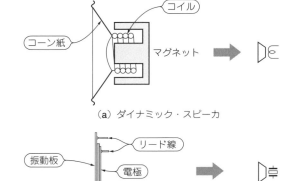

図93 スピーカの構造

---

### エレクトレット・コンデンサ・マイク    Column 6

コンデンサ・マイクは2枚の電極板にバイアス電圧をかけて電荷を蓄えておき，音声の振動による静電容量の変化を電圧の変化として取り出します．小型で高感度，低ひずみにできますが，比較的高い電圧のDC電源が必要になります．

エレクトレット・コンデンサ・マイクは，バイアス電圧をかけて電荷を蓄える代わりに，エレクトレットと呼ばれる電荷蓄積型の高分子化合物を使用したものです．マイク自体は電源が不要ですが，出力インピーダンスが高いため，インピーダンス変換用FETを内蔵してDC電源で動作する小型のマイク・モジュールとして製品化されています．プロ用の高音質マイクから，携帯電話機などの超小型マイクまで，さまざまな用途で広く用いられています．

〈宮崎 仁〉

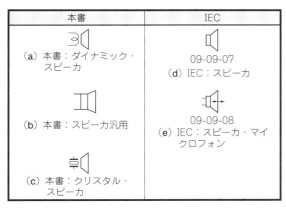

図94 スピーカの記号

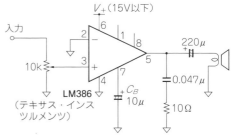

図95 ダイナミック・スピーカの駆動回路

ダイナミック・スピーカはインピーダンスが低く駆動電力も大きいので，小さなものでもパワー・アンプが必要です．

図95の回路例は，低電圧オーディオ・パワー・アンプであるLM386（テキサス・インスツルメンツ）という小型スピーカ用のアンプICを使った回路です．小型ラジオのイヤホン出力程度の信号から，小さなポータブル・ラジオに使う程度のスピーカを鳴らすことができます．入力の$10\,\mathrm{k}\Omega$は音量調整です．ゲインが高すぎるときは図中の$C_B$（$10\,\mu\mathrm{F}$）を取り外し，7番ピンをオープンにすると電圧ゲインを1/10にできます．

## 14. 電源/配線

● 電源／接地記号

【記号と構造】電源や接地は最も基本的な記号です（図96）．

図96(a)，(b)は，それぞれ直流と交流の電源記号です．図96(c)，(g)は等電位やコモンです．基準電圧なので普通はこれが0Vになります．

図96(d)，(h)はフレーム筐体などへの接地記号です．

図96(e)，(i)は大地アースや外部への接地記号です．

図96(f)，(j)は保安接地記号です．これは図面上の保安接地端子を表すのと同時に，本体の保安設置端子にもこの記号を明示しなければなりません．

【使用法や注意】接地記号を使う場合，図面が接続概念だけを示している場合は，すべて筐体接地記号でも

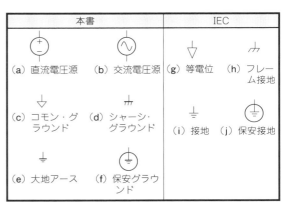

図96 電源／接地記号

問題ありません．しかし，その図面を元に実装する場合は，基板上の等電位とシャーシがどこでつながるか

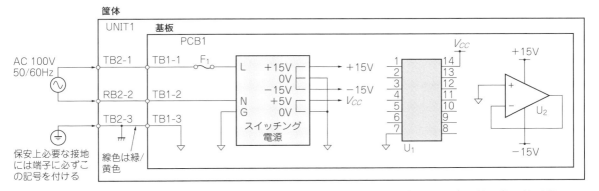

基板内のコモンを筐体に接続して外部保安グラウンドに接続している．基板内のICなどへの給電は個々にタグで表示している

図97 電源／アース記号の例

などが図面にしっかり反映されていないと,「なんとなくアース記号なので落ちているつもりでいたが,実際は浮いていた」などということになりかねないので,記号を書き分けるなどの配慮が必要です.

　直接商用電源につなぐ機器は,電源とともに安全上の保安接地をする場合があります.この場合,図面上に保安接地ポイントを明記します.また,筐体へのアースはシャーシ接地記号を使います.特にIECの安全規格に従う場合などは,規格をよく調べて実装方法や線色などを図面上で細かく指示をしたほうがよいでしょう.基板設計で基板のレイアウトCADと連動するCADを使用する場合,基板内のコモンや電源のタグなどはそのCADの書式に従うことになります.

　**図97**の回路例は,スイッチング電源を例にデバイスのコモン記号や筐体接地記号などの使いかたを示しています.この例では,基板のコモンは基板端子を通じて筐体に落ち,それが保安接地端子につながっています.

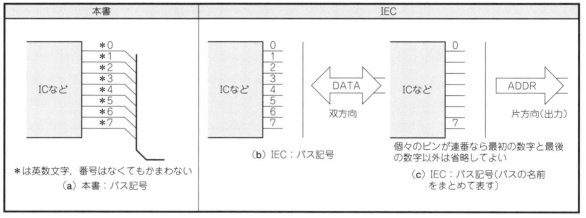

**図98 バス・ラインの記号**

● 配線／バス
【記号と構造】回路図では,通常は細い実線で配線を示します.データ・バスやアドレス・バス,バス・コントロール信号など,何本かの結線がひとまとまりになっている場合,信号をまとめて描くためにバス・ラインの記号を使用します(**図98**).

　本書のバス記号は,それぞれのピンにタグを付け,まとめて1本のバス・ラインにして,そのバスの対応するデバイスでまた展開し,ピンに対応するタグを付けます[**図98**(a)].

　IECのバス記号は,バスそのものを太い幅で表しバス名を記入しています.また,信号の流れる方向も矢印のような記号で表すようになっています[**図98**(b)].また,IECの場合,連番ならば最初と最後の番号だけを書き込んで,その他を省略することもできます.入り口と出口の部分だけ信号名のタグを付けて,他はバス・ラインでつなぐことで,図面がごちゃごちゃになることを避けられます.

【使用法など】本書記号は,バス・ラインでつながったもの以外の信号タグは名前が同じでも別物として扱われます.IECの記号でも別のバス名に繋がった信号の番号や子タグは別物として扱われるので,同じ名前が同じ図面上に存在できます.

　ここまでは規格の「たてまえ」です.PCBレイアウトCADにおける設計では,バスのタグの扱いが本書やIECの記号と違うものがあるので注意が必要です.注意する点は「タグ名が全体に及ぶ」ものがあるということです.そのようなCADでは,バス・ラインを分けて描いても同じタグを付けたものはすべてつながったものだと解釈されてしまいます.PCBレイアウトCADを使用する場合は,現状ではIECなどの規格とは別物として,CADに誤解されないような記述方法をとる必要があります.

◆引用文献◆
(1) 西形 利一；1次側用ヒューズ・セレクション,トランジスタ技術,2010年6月号,p.111,写真1,CQ出版社.
(2) 野尻 俊幸；サーミスタ活用のコモンセンス,トランジスタ技術,2009年12月号,p.177,写真1,CQ出版社.
(3) 田澤 勇夫；白金測温抵抗体と熱電対の正しい使い方,トランジスタ技術,2006年9月号,p.194,写真2,CQ出版社.
(4) 古荘 伸一／林 靖雄；リレーの基礎の基礎,トランジスタ技術,2009年6月号,p.136,図1-1,CQ出版社.

(初出：「トランジスタ技術」2013年4月号)

## 第2章 電子回路設計の現場でよく使われている！

# 回路図のお供に！ 電気の単位と定数

藤田 雄司 Yuuji Fujita

　アナログ回路を設計するエンジニアにとって，さまざまな単位や数式，部品のパラメータなどが記載された教科書やマニュアルは，基礎を理解する上で重要です．しかし，教科書に書かれた内容をもとに講義を受け，試験のときには丸暗記だけ，ということはありませんでしたか？

　いざ社会に出て実用回路を目の当たりにすると，多くの単位や数式，部品のパラメータが当たり前に使われているので，丸暗記の知識とのギャップに戸惑い，不安になる方も多いでしょう．

　本章ではアナログ回路を設計する上で必須の単位や定数をおさらいします．

## 1. 単位系の基本

### ● 単位はその構造を知ることが理解の早道

　電子回路は$L$，$C$，$R$を基本に組み立てられます．ここでは$L$，$C$，$R$の単位の成り立ちを説明します．

　表1に電子回路設計の現場でよく使われる基本単位と組立単位を示します．

　もともと単位というのはわかりやすい基準となるものから作られたものでした．ところが，これらの古典的定義はさまざまな要素の影響を受け，また経時変化もします．

### ■ 2種類ある…「基本単位」と それらを組み合わせた「組立単位」

● 基本単位

　現在では種々の影響を排除できるものを基本単位として，SI国際単位で定義付けされています．

　基本単位は次に示す七つです．

(1) 時間 [s]
(2) 長さ [m]
(3) 質量 [kg]
(4) 電流 [A]
(5) 温度 [K]
(6) 物質量 [mol]
(7) 光度 [cd]

---

**Column 1　電流だけじゃなく「電圧」と「抵抗」も基本単位ならスッキリしていいのに**

研究機関はすでに採用中！　物理屋が集う国際度量総会で定義ずみ

　SI国際単位の定義では電流［A］が基本単位で，電圧［V］や抵抗［Ω］はそこから誘導される組立単位です．しかし，電気分野において電圧や抵抗は電流［A］と並ぶ事実上の基本単位といってもよいでしょう．

　国際単位系の維持のために4年に一度開催される国際度量総会(CGPM)において，次のように報告されており，多くの研究機関ですでに1990年から採用されています．

　SI国際単位における電流［A］，電圧［V］，抵抗［Ω］の定義が改定されるのも，そう遠い日ではないのかもしれません．

- 電圧［V］は，ジョセフソン効果で発生する周波数と電圧の比で決める．ステップ$n=1$に相当する電圧に対して周波数が483597.9 GHz/Vで変化する
- 抵抗［Ω］は量子ホール効果のホール電圧を量子化次数$i=1$のプラトに相当した電流で割った値が25812.807 Ω

## 表1 アナログ回路設計で多用する基本の単位
SI国際単位の定義より，回路設計視点のほうが理解しやすい

| 物理量 | 単位記号 | 名称 | 回路設計視点 定義 | 回路設計視点 組立単位表現 | SI国際単位の定義 定義 | 古典的定義 |
|---|---|---|---|---|---|---|
| 電流 | A | アンペア | ・1Ωの抵抗に1Vの電位差を生じさせる電流<br>・1Cの電気量を1秒で発生させる電流 | V/Ω | 基本単位 | 真空中に1メートルの間隔で平行に置かれた無限に小さい円形の断面を有する無限に長い2本の直線状導体のそれぞれを流れ，これらの導体の1mにつき千万分の2Nの力を及ぼし合う直流の電流 | 硝酸銀水溶液中で1.118 mg/sの銀を析出させる電流 |
| 電圧 | V | ボルト | ・1Ωの抵抗に1Aの電流が流れているときの電位差<br>・1Hのインダクタンスに加えると1秒後に1Aの電流が流れる電圧 | A・Ω | $m^2 \cdot kg \cdot s^{-3} \cdot A^{-1}$ | 1Aの電流が流れる導体の2点間において消費される電力が1Wであるときの，その2点間の電圧 | ダニエル電池の起電力 |
| 温度 | K | ケルビン | セルシウス度+273.15 | − | 基本単位 | 水の三重点の熱力学温度注1の1/273.16 | 水の融点と沸点の100分の1 |
| 時間 | s | 秒 | 1 Hzの周期 | 1/Hz | 基本単位 | セシウム133の原子の基底状態の二つの超微細準位の間の遷移に対応する放射の周期の9192631770倍に等しい時間 | 1日 $\frac{1}{24}$ の × $\frac{1}{60}$ × $\frac{1}{60}$ の値 |
| 長さ | m | メートル | 約300 MHzの波長 | − | 基本単位 | 光が真空中で1/299792458秒間に進む距離 | 北極点から赤道までの長さの1000万分の1 |
| 質量 | kg | キロ・グラム | 1 m/sの速度で0.5 Jの運動エネルギをもつ質量 | − | 基本単位 | 国際キロ・グラム原器の質量注2 | 水1Lの重さ |
| 力 | N | ニュートン | 約102 gの物体が地面に加える力 | $kg \cdot m/s^2$ | $m \cdot kg \cdot s^{-2}$ | 1キロ・グラムの質量をもつ物体に1 m/s$^2$の加速度を生じさせる力 | − |
| 抵抗 | Ω | オーム | 1 Vの電位差を加えたとき，1 Aの電流が流れる抵抗 | V/A | $m^2 \cdot kg \cdot s^{-3} \cdot A^{-2}$ | 起電力源を含まない1個の導体の2点間に加えられた1Vの一定電位差がこの導体中に1Aの電流を生じさせるとき，その2点間に存在する電気抵抗 | − |
| 電気量 | C | クーロン | 1 Aの電流が1秒間流れ続けたときの電気量 | A・s | s・A | 1Aの電流によって1秒間に運ばれる電気量 | − |
| 磁束 | Wb | ウェーバ | 1 Vの起電力を1秒間発生させる磁束量 | V・s | $m^2 \cdot kg \cdot s^{-2} \cdot A^{-1}$ | 1回巻きの閉回路を貫く磁束を一様に減少させていって1秒間で消滅させるとき，1Vの起電力をそこに発生させる磁束 | − |
| 静電容量 | F | ファラド | 1 Aの電流を1秒間流し続けると1 Vの電位差が生じる静電容量 | A・s/V | $m^{-2} \cdot kg^{-1} \cdot s^4 \cdot A^2$ | 1Cに等しい電気量を印加されたとき，電極間に1Vの電位差が現れるキャパシタの静電容量 | − |
| インダクタンス | H | ヘンリ | 1 Vの電圧を1秒間加え続けると1 Aの電流差ができるインダクタンス | V・s/A | $m^2 \cdot kg \cdot s^{-2} \cdot A^{-2}$ | 一つの閉回路を周回する電流が1 A/sの割合で一様に変化するとき，内部に1Vの起電力が生じる閉回路のインダクタンス | − |
| 電力 | W | ワット | 1 Vの電圧加えて1 Aの電流が流れたときの仕事率 | V・A | $m^2 \cdot kg \cdot s^{-3}$ | 毎秒1Jに等しいエネルギを生じさせる仕事率 | − |
| エネルギ | J | ジュール | 1 Wの電力を1秒間消費したときの熱量 | V・A・s<br>N・m | $m^2 \cdot kg \cdot s^{-2}$ | 1Nの力の作用点がその力の方向に1mに等しい距離だけ移動するときになされる仕事 | − |

注1：熱力学温度とは絶対温度のことで，原子の振動が完全に停止した温度を基準とした温度のこと
注2：2011年のCGPM(Conférence Générale des Poids et Mesures，国際度量衡総会)においてキログラム原器による定義を廃止することが決定し，2018年に改定される見通し

● 組立単位

回路設計者の視点からすると，基本単位だけの表現は複雑で，意味をとらえづらくなります．

よく使う電圧［V］や抵抗［Ω］，電力［W］，電気量［C］，磁束［Wb］，エネルギ［J］といった単位は，電流［A］を除いてすべて組立単位となります．

表1には，単位の定義を回路設計視点で記述しました．

大まかな度合いを素早く把握することでアナログ回路設計に利用できます．

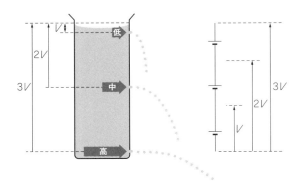

**図1　高さが作り出す水圧と直列接続した電池**
電圧は高さが作る水圧に似ている

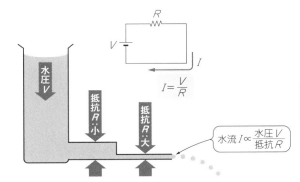

**図2　電気回路のオームの法則と同じように，水流は水圧÷抵抗に比例する**
水流は単位時間当たりの水量，電流は単位時間当たりの電気量，A＝C/s

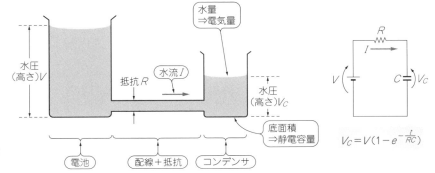

**図3　コンデンサは電荷をためる電気のコップ**
静電容量(底面積)とためる電気量(水量)で電圧(水圧)が決まる

## ■ エレクトロニクスで使う単位

### ● 電圧 [V]
▶電気の圧力と考える

電圧はまさに電気の圧力です．図1のように高さが作る水圧として例えると理解しやすいと思います．

SI国際単位の定義では，電圧 [V] は長さ，質量，時間，電流の組み合わせで表されます．もともとは電池の起電力を基準にしているので，回路設計の視点では，オームの法則に準じて，1Ωの抵抗に1Aの電流を流したときに生じる電位差と考えるほうがずっと便利です．

### ● 電流 [A]
▶電気の流れと考える

電圧と同じように考えると，電流は電気の流れです．単位時間あたりに流れた水量に例えられます．国際単位の定義より，電気抵抗 [Ω] と電圧 [V] の関係式からイメージするほうがよいでしょう (図2)．

電流は静電容量 [F] やインダクタンス [H] との関係で覚えておくと，電気量 [C] や磁束 [Wb] とのつながりまで理解しやすくなります．

例えば，1μFのコンデンサに1μsで1Vの電位差を作り出す電流は1Aで，1mHのインダクタに1Vの電圧を1ms加えたときの電流が1Aといった具合です．

### ● 抵抗 [Ω]
▶電気の流れを妨げる度合いを示す

電圧，電流と同じく，抵抗も言葉通り，電気の流れを妨げる度合いの単位です．

抵抗 [Ω] は，よく直流回路で説明されているので誤解されやすいですが，交流にも適用されます．

交流回路では時間や位相の概念が追加されるだけで，電圧 [V]，電流 [A]，抵抗 [Ω] の関係や単位に変化があるわけではありません．

虚数項を含むインピーダンスや伝送線路の特性インピーダンスであっても単位は必ず [Ω] です．

### ● 電気量 [C]
▶容器にたまった水量，静電容量 [F] は容器の底面積

静電容量 [F] は，充放電というバッテリによく似た動作であることから感覚的にとらえやすい単位です．

図3に示すように高さが作る水圧を電圧としたときは，容器にたまった水量が蓄えられた電気量 [C] で，容器の底面積が静電容量 [F] になります．

電気量 [C] とは，電流 [A] と時間 [s] の積です．静電容量 [F] とは，電圧 [V] あたりに蓄えられる電気量 [C] を表しているので，次の式で表せます．

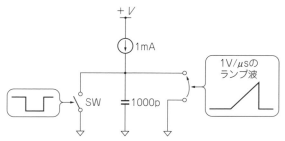

**図4 1V/μsのランプ波を作る**
1000 pFのコンデンサに1 mAの定電流を流す

$$静電容量[F] = \frac{電流[A] \times 時間[s]}{電圧[V]}$$

言い換えると1 Vの電位差に1 Cの電気量がたまっている静電容量が1 Fです．

図4の回路を使って前述した静電容量の式を確認してみます．

例えば1 μsで1 V立ち上がるランプ波を作りたければ，図4のように1000 pFのコンデンサに1 mAを流せばよいことになります．

● 磁束 [Wb]
▶電気量[C]はコンデンサに，磁束[Wb]はインダクタンスに対応する量

磁束[Wb]やインダクタンス[H]は，イメージしにくく苦手とする人が少なくありません．かくいう筆者も長らくインダクタをうまく使いこなせない一人でした．

インダクタンスの単位[H]は，静電容量の電圧と電流の項目を入れ換えたもので，組立単位表現は，[V・s/A]となります．電圧と時間の積が磁束[Wb]で，静電容量における電気量[C]の対称となるものです．

---

## 問題です…電圧源は電池みたいなもの．では電流源は？ Column 2
二つの理想電源…ちゃんと説明できる？

回路動作を説明するときに，よく電圧源(定電圧：CV)と電流源(定電流：CC)という言葉が登場します．

教科書や回路シミュレータ上の電圧源とは，出力電流をいくら流しても所定の電圧を維持するものです．

● 電圧源は出力直列抵抗がゼロ
出力と直列に挿入される抵抗(出力抵抗)がゼロ，というのが電圧源です．図Aは1 Vの電圧源を回路で表したものです．

● 電流源は出力直列抵抗が無限大
電圧源は電池に近いのでわかりやすいのですが，電流源は身近に似たものがなくイメージしづらいと思います．

電流源とは，出力電圧をいくつに設定しても所定の電流を維持するものです．つまり出力と直列に挿入される抵抗が無限大，というのが電流源です．

例えば，1 MΩの出力抵抗をもった1000 Vの電圧源で考えてみます(図B)．この出力を短絡すると，1 mA(= 1000 V/1 MΩ)の電流が流れます．負荷に1 kΩの抵抗を入れた場合でも，

$$1000\,V/(1\,M\Omega + 1\,k\Omega) \fallingdotseq 0.999\,mA$$

となり，1 mAの電流源に近い動作になっています．

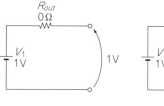
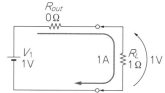

**図A 電圧源(定電圧)の動作イメージ**
負荷にどれだけ電流を流しても負荷端の電圧が変わらない

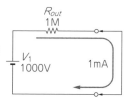
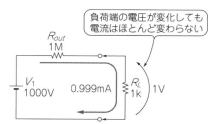

負荷端の電圧が変化しても電流はほとんど変わらない

**図B 電流源(定電流)の動作は高出力抵抗の高電圧と同じ**
負荷端の抵抗や電圧が変化しても電流はほとんど変わらない

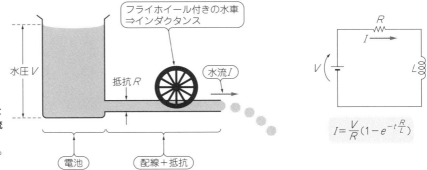

**図5** フライホイール付きの水車と同じように,インダクタンスは電流でエネルギをためる
水圧を加えると徐々に回り始め,いったん回ると簡単には止まらない

$$I = \frac{V}{R}(1 - e^{-t\frac{R}{L}})$$

### ● インダクタンス[H]
▶ コンデンサは電圧で,インダクタンスは電流でエネルギをためる

コンデンサが電圧でエネルギをためるのに対し,インダクタは電流でエネルギをためるデバイスです.

電流で蓄えるという感覚はつかみづらいのですが,図5のようにはずみ車のついた水車だと考えるとよいでしょう.水車は水圧を加えてもすぐに水流は流れだ さず,時間の経過で徐々に水流とともに回転が加速していきます.いったん水車が回転し始めたら,はずみ車の効果で水流を止めようとしても,簡単には止まらず流れ続けようとします.

これが電流でエネルギを蓄積するインダクタンスの

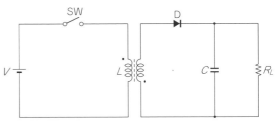

**図6** インダクタンスに電流でエネルギをためる応用例(フライバック式スイッチング電源)
$L$ にたまったエネルギはスイッチがOFFになると2次側に放出される

動作イメージです.

1Hのインダクタンスは,1Vの電圧を加えると1秒後に1Aの電流が流れる,ということを意味しています.

図6に示すフライバック・コンバータは,インダクタンスにエネルギをためて利用する代表的な例です.

## 2. 接頭語

### ● $10^{\pm 24}$ まで1文字で表す

電子回路では,非常に幅広い値をとりうるため,単位に接頭語をつけて値を表現します(**表2**).

現在のSI国際単位系では $10^{\pm 24}$ までが規定されていますが,アナログ回路設計で多用する範囲は $10^{\pm 12}$ くらいです.接頭語は $10^3$ おきですが,$10^{\pm 3}$ までは桁ごとに設定されています.

ヘクト,デカ,デシ,センチを電気関連で使うことはほとんどありません.例外は,デシベル[dB]や電波の波長表現くらいです.

1pFを1μμFなどのように,接頭語を重ねて使ってはいけません.

## 3. 抵抗やコンデンサの定数の表し方

### ● 色,記号,数字による値の表記方法
表3~表14と図7に,抵抗とコンデンサの値の表記

**表2 係数を表す接頭語**
アナログ回路設計で多用するのはだいたい $10^{\pm 12}$ くらいの範囲

| 倍 数 | 記号 | 名 称 | SI国際単位化 |
|---|---|---|---|
| $10^{24}$ | Y | ヨタ | 1991年に追加 |
| $10^{21}$ | Z | ゼタ | |
| $10^{18}$ | E | エクサ | 1975年に追加 |
| $10^{15}$ | P | ペタ | |
| $10^{12}$ | T | テラ | 1960年 |
| $10^{9}$ | G | ギガ | |
| $10^{6}$ | M | メガ | |
| $10^{3}$ | k | キロ | |
| $10^{2}$ | h | ヘクト | 1960年※ |
| $10^{1}$ | da | デカ | |
| $10^{-1}$ | d | デシ | |
| $10^{-2}$ | c | センチ | |
| $10^{-3}$ | m | ミリ | 1960年 |
| $10^{-6}$ | μ | マイクロ | |
| $10^{-9}$ | n | ナノ | |
| $10^{-12}$ | p | ピコ | |
| $10^{-15}$ | f | フェムト | 1964年に追加 |
| $10^{-18}$ | a | アト | |
| $10^{-21}$ | z | ゼプト | 1991年に追加 |
| $10^{-24}$ | y | ヨクト | |

※ 電気関連では慣習的に使わない.
デシベル[dB]のみ例外

## 数式は電子回路の性質やふるまいを語ってくれる
答えを出すためだけのものじゃない

**Column 3**

静電気で痛い思いをすることは冬場の風物詩ですが，なぜ立ち上がったときやセータを脱いだときに放電するのでしょうか．

### ● 異なる物体が接触すると，接触のたびに帯電が生じる

導体，絶縁体に関わらず異なる物体が接触すると，それぞれが正極性と，負極性に帯電します（図C）．セータを着ていると，その下に着ているものとの間で接触があります．その接触点は体が動くと変化するので，動くほど電荷がたまります．

どの程度，どちらに帯電するかは物質によって差があります．図Dは，どんな物質がどのくらいどちらに帯電しやすいかを示す帯電列です．

図C(c)では電荷が距離 $d$ をおいて存在します．これはコンデンサに電荷 $Q$ がチャージされた状態と見なせます．平行板コンデンサの静電容量［F］は，誘電率を $\varepsilon$［F/m］，平行板の面積を $S$［m²］，板の間隔を $d$［m］とすると次の式で表せます．

$$F = \varepsilon \frac{S}{d}$$

また，コンデンサにたまった電荷を $Q$［C］，電圧を $E$［V］とすると次の式で表せます．

$$\varepsilon \frac{S}{d} = \frac{Q}{E}$$

セータを脱ぐ行為は，この間隔 $d$ が大きくなることを意味します．

### ● 距離が離れると，静電容量が減少して放電する

$d$ が大きくなる（静電容量が反比例して減少する）ので，電荷 $Q$ の移動がなければ電圧 $E$ が距離に比例して大きくなります．

電圧が空気の絶縁を超えるまで上昇すると，パチッと放電が起こります．

立ち上がったときの静電気の放電も原理は同じです．身体と大地との間の静電容量が減少したぶんだけ電圧が上昇するので，ドアノブなどに触れようとした途端に放電します．

電子回路部品や基板を持って立ち上がり，後ろの人に手渡ししようとしたらパチッと静電気が飛んで壊してしまったということは現実に起こります．

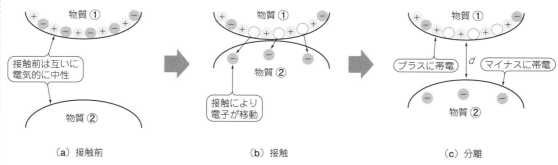

**図C 接触帯電のメカニズム**
導体も絶縁体も接触・分離で帯電する

**図D 物質による帯電のしやすさ**
物質によってどちらの極性にどのくらい帯電しやすいかが異なる

正(＋)←　空気　人間　ガラス　ナイロン　毛皮　鉛　シルク　アルミニウム　木綿　銅　木　琥珀　ニッケル　スズ　金・プラチナ　硫黄　アセテート　ポリエステル　セルロイド　ウレタン　ポリエチレン　ビニル　シリコーン　テフロン　→負(－)

**表3　RKMGTによる抵抗値表記**
アルファベットの位置は小数点，文字は表2の接頭語とリンクする

| 文字記号 | 乗数 | 注　記 |
|---|---|---|
| R | 1 | 表2の接頭語と同じ乗数で抵抗値を表すが，キロは大文字であることに注意．表示位置が小数点を意味する．2K7→2.7 kΩ，27K→27 kΩ　1R33→1.33 Ω，2M43→2.43 MΩ |
| K | $10^3$ | |
| M | $10^6$ | |
| G | $10^9$ | |
| T | $10^{12}$ | |

**表4　抵抗値表記①　カラー・コードを使う方法**
12色＋無色によって有効数字，乗数，許容差，温度係数を表す

| 色 | 有効数字 | 乗数 | 許容差[%] | 温度係数[ppm/K] |
|---|---|---|---|---|
| 銀 | − | $10^{-2}$ | ± 10 | − |
| 金 | − | $10^{-1}$ | ± 5 | − |
| 黒 | 0 | 1 | − | ± 250 |
| 茶 | 1 | 10 | ± 1 | ± 100 |
| 赤 | 2 | $10^2$ | ± 2 | ± 50 |
| 橙 | 3 | $10^3$ | ± 0.05 | ± 15 |
| 黄 | 4 | $10^4$ | − | ± 25 |
| 緑 | 5 | $10^5$ | ± 0.5 | ± 20 |
| 青 | 6 | $10^6$ | ± 0.25 | ± 10 |
| 紫 | 7 | $10^7$ | ± 0.1 | ± 5 |
| 灰 | 8 | $10^8$ | − | ± 1 |
| 白 | 9 | $10^9$ | − | − |
| 無色 | − | − | ± 20 | − |

**表5　抵抗値表記②　3文字記号を使う方法**
二つの有効数字と文字Rまたは乗数で表す

| 第1文字 | 第2文字 | 第3文字 | 注　記 |
|---|---|---|---|
| R | 有効数字 | 有効数字 | Rは小数点の位置 |
| 有効数字 | R | 有効数字 | R12→0.12 Ω，2R7→2.7 Ω |
| 有効数字 | 有効数字 | 乗数 | 152→15×$10^2$ Ω = 1.5 kΩ |

**表6　抵抗値表記③　4文字記号を使う方法**
三つの有効数字と文字Rまたは乗数で表す

| 第1文字 | 第2文字 | 第3文字 | 第4文字 | 注　記 |
|---|---|---|---|---|
| R | 有効数字 | 有効数字 | 有効数字 | Rは小数点の位置 R121→0.121 Ω 2R74→2.74 Ω 48R7→48.7 Ω 3741→374×$10^1$ Ω = 3.74 kΩ |
| 有効数字 | R | 有効数字 | 有効数字 | |
| 有効数字 | 有効数字 | R | 有効数字 | |
| 有効数字 | 有効数字 | 有効数字 | 乗数 | |

法を示します．これらの表記はJIS C5062やIEC60062で規定されており，多くのメーカがこの表記のいずれかで値を表示しています．

有効数字，乗数，許容差，温度係数，材質などを数字とアルファベットで表します．

● **デバイスの有効数字と乗数を合わせて3文字または4文字の記号で示す**

有効数字の文字数はデバイスの許容差と連動し，文

**表7　静電容量表記①　m μ n pを使う方法**
文字記号m，μ，n，pによって乗数を表す

| 文字記号 | 乗数 | 注　記 |
|---|---|---|
| m | $10^{-3}$ | 表2の接頭語と同じ乗数で静電容量値を表し，表示位置が小数点を意味する 2p7→2.7 pF，27 n→27 nF，0.027 μF p33→0.33 pF，4 m7→4.7 mF，0.0047 F |
| μ | $10^{-6}$ | |
| n | $10^{-9}$ | |
| p | $10^{-12}$ | |

**表8　静電容量表記②　3文字記号を使う方法**
二つの有効数字と文字Rまたは乗数で表す

| 第1文字 | 第2文字 | 第3文字 | 注　記 |
|---|---|---|---|
| R | 有効数字 | 有効数字 | Rは小数点の位置で単位はpFまたはμFとなる(※) R12→0.12 pF，2R2→2.2 μF |
| 有効数字 | R | 有効数字 | |
| 有効数字 | 有効数字 | 乗数 | 152→15×$10^2$ pF = 1500 pF |

※ 電解コンデンサなど大きな容量のコンデンサに適用

**表9　許容差表記：文字記号を使う方法**
18種類の文字で許容差を表す

| 文字記号 | 許容差[%] |
|---|---|
| E | ± 0.005 |
| L | ± 0.01 |
| P | ± 0.02 |
| WまたはA※ | ± 0.05 |
| B | ± 0.1 |
| C | ± 0.25 |
| D | ± 0.5 |
| F | ± 1 |
| G | ± 2 |
| H | ± 3 |
| J | ± 5 |
| K | ± 10 |
| M | ± 20 |
| N | ± 30 |
| Q | − 10，+ 30 |
| T | − 10，+ 50 |
| S | − 20，+ 50 |
| Z | − 20，+ 80 |

※ 廃止された古いJISでは，許容差±0.05%の文字記号はAが使われていた

**表10　温度係数表記：文字記号を使う方法**
18種類の文字で温度係数を表す

| 文字記号 | 温度係数[ppm/K] |
|---|---|
| Z | その他 |
| Y | ± 2500 |
| X | ± 1500 |
| W | ± 1000 |
| V | ± 500 |
| U | ± 250 |
| T | ± 150 |
| S | ± 100 |
| R | ± 50 |
| Q | ± 25 |
| P | ± 15 |
| N | ± 10 |
| M | ± 5 |
| L | ± 2 |
| K | ± 1 |
| J | ± 0.5 |
| H | ± 0.2 |
| G | ± 0.1 |

**表11　誘電体表記：文字によるフィルム・コンデンサを使う方法**
6種類の文字で材料を表す

| 文字記号 | 材　料 | JIS K6899-1での表記 |
|---|---|---|
| V | ポリカーボネート | PC |
| H | ポリフェニレンサルファイド | PPS |
| N | ポリエチレンナフタレート | PEN |
| P | ポリプロピレン | PP |
| S | ポリスチレン | PS |
| TまたはM | ポリエチレンテレフタレート | PET |

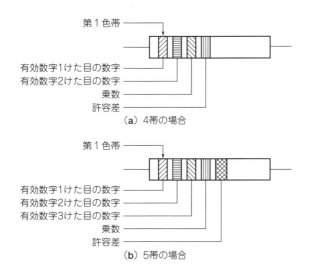

(a) 4帯の場合

(b) 5帯の場合

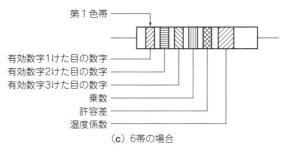

(c) 6帯の場合

**図7 カラー・コードの表示例**
帯数によって有効数字の数や温度係数まで表現している

字数やカラーコードの帯数が多いものは許容差が小さくなります．

● **乗数を1文字(RKMGT, mμnp)で表す方法もある**
乗数を表す文字記号は，Rを除いて表2の接頭語とリンクしています．

大文字・小文字が表2とは異なる場合があります．また，表8に示す静電容量表記における単位が，pFの場合とμFの場合があります．

● **抵抗やコンデンサの値はE系列標準数に従う**
表12は抵抗やコンデンサの値を定める標準数列で，E系列標準数と呼ばれています．

1けたの中の値をいくつに分けるかを規定したもので，この表記はJIS C5063で規定されています．

**表12 抵抗やコンデンサの標準数列**（E系列標準数）
E3～E96は$10^{1/3}$～$10^{1/96}$を公比とすることを意味している

| シリーズ | E3 | E6 | E12 | E24 | E48 | E96 | | | |
|---|---|---|---|---|---|---|---|---|---|
| 公比 | $10^{1/3}$ ≒ 2.15 | $10^{1/6}$ ≒ 1.47 | $10^{1/12}$ ≒ 1.21 | $10^{1/24}$ ≒ 1.10 | $10^{1/48}$ ≒ 1.05 | $10^{1/96}$ ≒ 1.02 | | | |
| 値 | 10 | 10 | 10 | 10 | 100 | 105 | 100 | 102 | 105 | 107 |
| | | | | 11 | 110 | 115 | 110 | 113 | 115 | 118 |
| | | | 12 | 12 | 121 | 127 | 121 | 124 | 127 | 130 |
| | | | | 13 | 133 | 140 | 133 | 137 | 140 | 143 |
| | | 15 | 15 | 15 | 147 | 154 | 147 | 150 | 154 | 158 |
| | | | | 16 | 162 | 169 | 162 | 165 | 169 | 174 |
| | | | 18 | 18 | 178 | 187 | 178 | 182 | 187 | 191 |
| | | | | 20 | 196 | 205 | 196 | 200 | 205 | 210 |
| | 22 | 22 | 22 | 22 | 215 | 226 | 215 | 221 | 226 | 232 |
| | | | | 24 | 237 | 249 | 237 | 243 | 249 | 255 |
| | | | 27 | 27 | 261 | 274 | 261 | 267 | 274 | 280 |
| | | | | 30 | 287 | 301 | 287 | 294 | 301 | 309 |
| | | 33 | 33 | 33 | 316 | 332 | 316 | 324 | 332 | 340 |
| | | | | 36 | 348 | 365 | 348 | 357 | 365 | 374 |
| | | | 39 | 39 | 383 | 402 | 383 | 392 | 402 | 412 |
| | | | | 43 | 422 | 442 | 422 | 432 | 442 | 453 |
| | 47 | 47 | 47 | 47 | 464 | 487 | 464 | 475 | 487 | 499 |
| | | | | 51 | 511 | 536 | 511 | 523 | 536 | 549 |
| | | | 56 | 56 | 562 | 590 | 562 | 576 | 590 | 604 |
| | | | | 62 | 619 | 649 | 619 | 634 | 649 | 665 |
| | | 68 | 68 | 68 | 681 | 715 | 681 | 698 | 715 | 732 |
| | | | | 75 | 750 | 787 | 750 | 768 | 787 | 806 |
| | | | 82 | 82 | 825 | 866 | 825 | 845 | 866 | 887 |
| | | | | 91 | 909 | 953 | 909 | 931 | 953 | 976 |

表13 コンデンサの耐圧を表す文字記号

| 文字記号 | 耐圧 [V] | 文字記号 | 耐圧 [V] | 文字記号 | 耐圧 [V] |
|---|---|---|---|---|---|
| 0A | 1.0 | 1A | 10 | 2A | 100 |
| 0B | 1.25 | 1B | 12.5 | 2B | 125 |
| 0C | 1.6 | 1C | 16 | 2C | 160 |
| 0D | 2.0 | 1D | 20 | 2D | 200 |
| 0E | 2.5 | 1E | 25 | 2E | 250 |
| 0F | 3.15 | 1F | 31.5 | 2F | 315 |
| 0G | 4.0 | 1G | 40 | 2G | 400 |
| 0H | 5.0 | 1H | 50 | 2H | 500 |
| 0J | 6.3 | 1J | 63 | 2J | 630 |
| 0K | 8.0 | 1K | 80 | 2K | 800 |

● コンデンサの耐圧やヒューズの電流容量はR系列標準数にしたがう

コンデンサの耐電圧やヒューズの電流容量といった値の場合は，**表14**のR系列標準数が使われます(JIS Z8601：標準数)．

◆参考文献◆
(1) 国際単位系(SI)，日本語版，(独)産業技術総合研究所訳・監修．
(2) 日本工業規格JIS C5062，抵抗器及びコンデンサの表示記号．
(3) 日本工業規格JIS C5063，抵抗器及びコンデンサの標準数列．
(4) 日本工業規格JIS Z8601，標準数．
(5) 瀬川 毅；トランジスタ技術，2013年6月号，CQ出版社．

(初出：「トランジスタ技術」2015年7月号)

表14 コンデンサの耐電圧やヒューズの電流容量などの**標準数列**(R系列標準数)
R5〜R40は$10^{1/5}$〜$10^{1/40}$を公比とすることを意味している

| シリーズ | R5 | R10 | R20 | R40 |
|---|---|---|---|---|
| 公比 | $10^{1/5}$ ≒ 1.58 | $10^{1/10}$ ≒ 1.26 | $10^{1/20}$ ≒ 1.12 | $10^{1/40}$ ≒ 1.06 |
| 値 | 1.00 | 1.00 | 1.00 | 1.00 |
| | | | | 1.06 |
| | | | 1.12 | 1.12 |
| | | | | 1.18 |
| | | 1.25 | 1.25 | 1.25 |
| | | | | 1.32 |
| | | | 1.40 | 1.40 |
| | | | | 1.50 |
| | 1.60 | 1.60 | 1.60 | 1.60 |
| | | | | 1.70 |
| | | | 1.80 | 1.80 |
| | | | | 1.90 |
| | | 2.00 | 2.00 | 2.00 |
| | | | | 2.12 |
| | | | 2.24 | 2.24 |
| | | | | 2.36 |
| | 2.50 | 2.50 | 2.50 | 2.50 |
| | | | | 2.65 |
| | | | 2.80 | 2.80 |
| | | | | 3.00 |
| | | 3.15 | 3.15 | 3.15 |
| | | | | 3.35 |
| | | | 3.55 | 3.55 |
| | | | | 3.75 |
| | 4.00 | 4.00 | 4.00 | 4.00 |
| | | | | 4.25 |
| | | | 4.50 | 4.50 |
| | | | | 4.75 |
| | | 5.00 | 5.00 | 5.00 |
| | | | | 5.30 |
| | | | 5.60 | 5.60 |
| | | | | 6.00 |
| | 6.30 | 6.30 | 6.30 | 6.30 |
| | | | | 6.70 |
| | | | 7.10 | 7.10 |
| | | | | 7.50 |
| | | 8.00 | 8.00 | 8.00 |
| | | | | 8.50 |
| | | | 9.00 | 9.00 |
| | | | | 9.50 |

3. 抵抗やコンデンサの定数の表し方

## 第3章 アナログ回路を速く正確に設計するための三種の神器！
# 知っておきたい電気回路の三大法則

藤田 雄司 Yuuji Fujita

図1 オームの法則のイメージ
電圧Vが分子とだけ覚えておけば間違えることはない

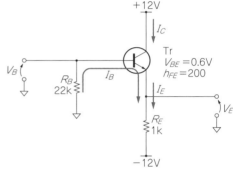

図2 オームの法則がわかっていれば回路の動作点や動作電流を求めることができる（エミッタ・フォロワ回路）

　回路定数を計算する上でどうしても理解しておかねばならないのが，オームの法則とキルヒホッフの法則です．
　鳳-テブナンの法則は，使わなくても定数を計算できますが，知っていると素早く計算でき，また回路動作を多角的にとらえる上でも役立ちます．
　これらの法則は時間や位相のパラメータを加えれば，直流回路だけでなく交流回路にも適用できるので，広範囲にわたって非常に有効なものです．

## 1. オームの法則
### 実際の回路動作と関連付けて理解する

　図1にオームの法則を表すイメージを示します．
　今さらの感はありますが，意外に使い所がわかっていない方が多いように感じます．デバイスの振る舞い，電圧源・電流源の意味などと関連付けができていれば使える場面が拡がります．
　例えば図2のようなエミッタ・フォロワ回路で$V_{BE}=0.6\,V$，$h_{FE}=200$とした場合のベース電圧$V_B$やエミッタ電圧$V_E$を計算してみましょう．

　ベース電流$I_B$は$R_B$を通じて流れます．式(1)で表せます．

$$V_B = R_B I_B = 22\,k\Omega \times I_B \cdots\cdots (1)$$

$V_{BE}$が0.6 Vです．エミッタ電圧$V_E$は式(2)で表せます．

$$V_E = V_B - V_{BE} = V_B - 0.6\,V \cdots\cdots (2)$$

エミッタ電流$I_E$は−12 V電源と$V_E$間の電位差が$R_E$に加わります．式(3)で表せます．

$$I_E = \frac{-12\,V - V_E}{R_E} = \frac{-12\,V - V_E}{1\,k\Omega}$$
$$= -0.012 - 0.001 V_E \cdots\cdots (3)$$

$h_{FE}$は200なので，$I_B$と$I_E$の関係は，式(4)で表せます．

$$I_E = I_C + I_B = h_{FE} I_B + I_B = I_B(h_{FE}+1)$$
$$= I_B \times 201 \cdots\cdots (4)$$

　式(1)〜式(4)の連立方程式を解けば，次の値が求まります．

$I_B = 51.1\ \mu\text{A}$
$I_E = 10.3\ \text{mA}$
$V_B = -1.12\ \text{V}$
$V_E = -1.72\ \text{V}$

式(1)と式(3)で活用しています．

## 2. キルヒホッフの法則
### 第1法則は電流の法則，第2法則は電圧の法則

キルヒホッフの法則には第1と第2があり，第1は電流，第2は電圧での法則です．

簡単に言うと「電流は分岐や合流をしても，その合計は同じ値」というのが第1法則で，「閉じた回路の電位差の合計はゼロ」というのが第2法則です．

図3を見れば，その意味するところがイメージできると思います．

キルヒホッフとオームの法則を使えば，複雑な回路でも大抵は計算できます．

例えば図4のような自己バイアス回路において，$V_{BE} = 0.6\ \text{V}$，$h_{FE} = 200$ とした場合のコレクタ電流 $I_C$，ベース電流 $I_B$，コレクタ電圧 $V_C$ を計算してみましょう．

コレクタ電圧 $V_C$ は，電源電圧から $R_C$ での電圧降下分を引いた値なので，式(5)で表せます．

$$V_C = 12\ \text{V} - I_C R_C = 12\ \text{V} - (1\ \text{k}\Omega \times I_C) \cdots\cdots (5)$$

ベース電流 $I_B$ は $R_F$ を通じて流れます．式(6)で表せます．

$$I_B = \frac{V_C - V_{BE}}{R_F} = \frac{V_C - 0.6\ \text{V}}{1\ \text{M}\Omega} \cdots\cdots\cdots (6)$$

コレクタ電流 $I_C$ はベース電流 $I_B$ の $h_{FE}$ 倍流れます．

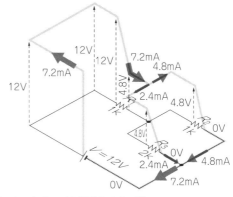

**図3 キルヒホッフの法則のイメージ**
電流を太さに，電圧を高さに置き換えてイメージするとわかりやすい

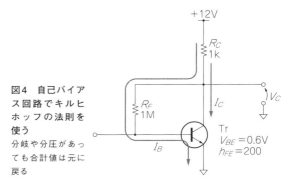

**図4 自己バイアス回路でキルヒホッフの法則を使う**
分岐や分圧があっても合計値は元に戻る

式(7)で表せます．

$$I_C = h_{FE} I_B = 200 \times I_B \cdots\cdots\cdots\cdots (7)$$

$R_C$ に流れる電流 $I_{RC}$ は $I_B$ と $I_C$ に分岐します．式(8)で表せます．

---

### 法則は発見者が広く提唱することで成立する
科学的／社会的／心理的／トラブル発生に関するさまざまな法則がある

**Column 1**

電気の最も基本的な法則として誰もが認めるのはオームの法則でしょう．このオームの法則は，ドイツの物理学者ゲオルグ・オームがボルタ電池を使って何年も実験を繰り返して，経験的に発見したものです．オームは1827年にその成果を出版し，オームの法則として広まりました．ただし，この内容はイギリスの物理学者のヘンリー・キャベンディッシュが1781年に別の実験方法で発見していたと言われます．キャベンディッシュは発見を公表しなかったため，キャベンディッシュの法則にはなりませんでした．

「法則」というのは，さまざまな現象から経験的に法則性を発見し，発見者がそれを広く提唱することによって成立します．ニュートンの万有引力の法則，オームの法則，キルヒホッフの法則などの科学的な法則だけでなく，社会的現象や心理的事象に関する法則というのもあります．ムーアの法則，マーフィーの法則はその例でしょう．

さまざまなトラブルの発生に関する法則も知られています．たとえば，1件の重大な事故の陰にはたくさんの軽微な事故，あるいは事故にまで至らなかった問題が存在するというハインリッヒの法則があります．ハインリッヒは損害保険会社の社員として，労働災害の重大度と発生頻度の関係を調査して，法則を導き出したと言われています．

〈宮崎 仁〉

$$I_{RC} = I_B + I_C \quad \cdots\cdots\cdots\cdots\cdots\cdots\cdots (8)$$

式(5)〜式(8)の連立方程式を解けば，次の値が求まります．

$I_{RC} = 1.89$ mA
$I_B = 9.46$ $\mu$A
$I_C = 1.88$ mA
$V_C = 10.1$ V

式(5)と式(6)は第2法則，式(8)は第1法則を利用して導いています．

## 3. 鳳-テブナンの定理
### 複雑な回路を簡略化して考える

図5(a)のように複数の電源と抵抗の回路で例えば電流$I$を算出したい場合は，キルヒホッフで計算できますが，複数の式を立てて解かなければなりません．

式を立てるときに電流の方向と符号の関係を間違えたり，方程式を解くときにも計算間違いをしやすくなります．

鳳-テブナンの定理を利用すると，複雑な回路を簡略化して考えることができるので，計算間違いも少なく素早く導き出せます．

図5(a)の場合は，破線で切り取ったA-B間で考えてみると$R_1 = R_2$なので，$V_1$の電圧は半分に割られます．

$V_1$は電圧源なので，内部抵抗は0Ω，$R_1$と$R_2$は$V_1$の内部抵抗として考えます．

図5(b)のようにA-B間から見た$V_1$の内部抵抗は$R_1$と$R_2$を並列にしたときの値として考え，500Ωと

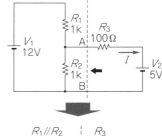

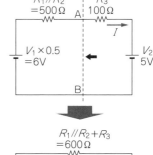

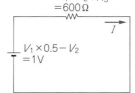

**図5 値を速く求めるための道具 鳳-テブナンの定理**

なります．

$V_1$と$V_2$は逆直列につながっているので，結局回路は図5(c)と同じことになり，電流$I$は1.67 mAとなります．

（初出：「トランジスタ技術」2015年7月号）

---

## Column 2
### アイデアの源泉！ プロは「トラブルとクレーム」が大好物
力は追い込まれたときにこそ出る！ 追い込まれないと力は出ない…

アマチュア時代は，一つのものを作るために思う存分にコストと時間をかけることができました．でも，メーカのプロの設計者になると，自分の都合以外の事項が必ず存在します．

営業（顧客）から見れば他社より優れた機能・性能で安いものを早く，購買から見れば入手しやすい部品を使うこと，製造は歩留まり良く作りやすい構造であること，品質保証からはトラブルを起こしにくいもの，サービスはメンテナンスしやすい構造であることを願うはずです．

設計者の視点からすると，これら要求事項は手かせ足かせの制約に感じることもありますが，これらの課題を解決できない理由にすると損をします．これらの制約は裏を返せば，この課題解決をできたモノが他に抜きんでた優れものになる訳で，むしろ大きなチャンスだからです．

課題解決にはアイデアが必要です．物事を多角的にとらえていろいろなアプローチをかけて得た情報から出てきます．

プロの設計者には，要求事項を理解し，事実から現象を素早くとらえてアイデアを出し，そのアイデアが使えるか否かを素早く正確に見極める力が求められます．基本の原理・原則を十分に理解し，シミュレーションと実験をバランスよく織り交ぜていくことがベストだと思います．

〈藤田 雄司〉

# Appendix 1

## カットオフ周波数, 共振周波数, 特性インピーダンス, 伝播遅延時間…
## 数式便利帳

表1にアナログ回路設計でよく使う公式, 近似式, パラメータを紹介します.

電子回路の動作を担う主役の$L$, $C$, $R$や半導体のふるまいは, 物理法則や物質の性質に従います.

複雑な式を解いていくことで算出できますが, 理解や計算に時間がかかり過ぎ, 回路設計の段階でこれをやっていては効率が悪すぎます.

ある程度条件を固定して公式や近似式にしたものやパラメータとして覚えておくと便利です.

◆参考文献◆
(1) 国際単位系(SI), 日本語版, (独)産業技術総合研究所訳・監修.
(2) 日本工業規格JIS C5062, 抵抗器及びコンデンサの表示記号.
(3) 日本工業規格JIS C5063, 抵抗器及びコンデンサの標準数列.
(4) 日本工業規格JIS Z8601, 標準数.
(5) 瀬川 毅;トランジスタ技術, 2013年6月号, CQ出版社.

〈藤田 雄司〉

(初出:「トランジスタ技術」 2015年7月号)

**表1 いつも使う設計式をまとめた表**
定常的な動作の理解だけではわかりにくい$R$, $L$, $C$の過渡的ふるまい, PN接合の非線形動作と温度係数に関するふるまいを集めた. オームの法則, キルヒホッフの法則に加えて, これらを覚えておくと, 大抵のシチュエーションで設計に使える

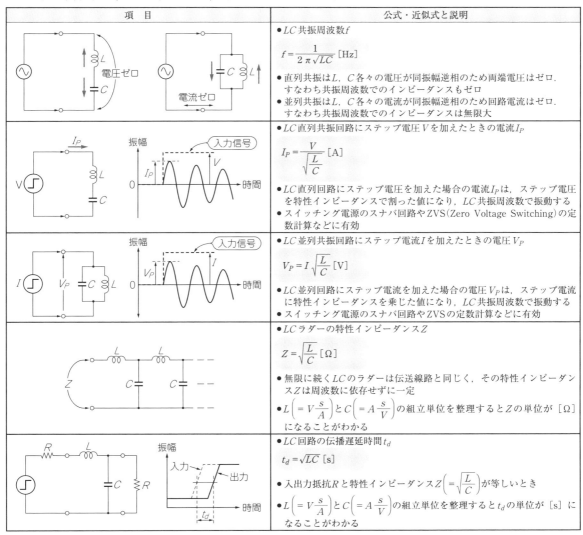

**表1 いつも使う設計式をまとめた表**(つづき)

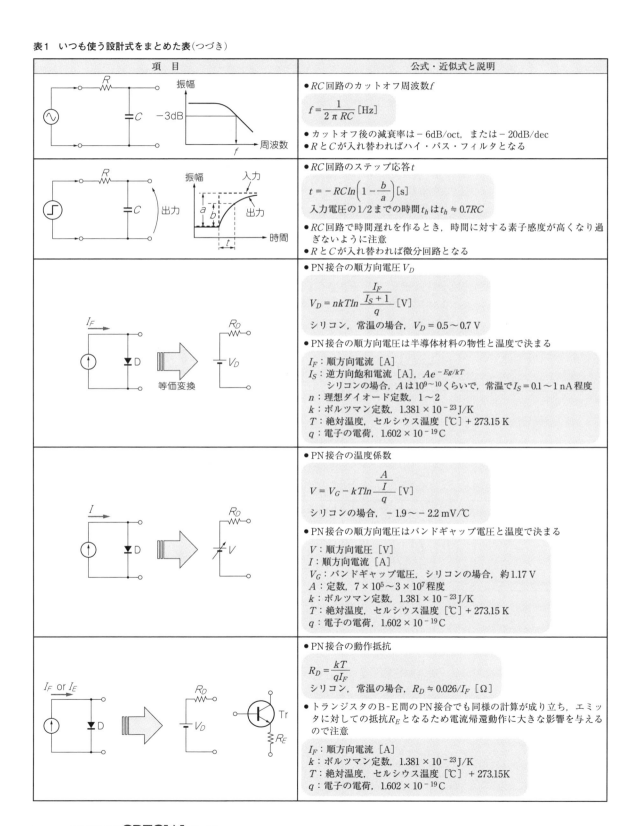

| 項　目 | 公式・近似式と説明 |
|---|---|
| （RC ローパス・フィルタ回路） | ● RC回路のカットオフ周波数 $f$<br>$$f = \frac{1}{2\pi RC} \,[\text{Hz}]$$<br>● カットオフ後の減衰率は $-6\text{dB/oct}$，または $-20\text{dB/dec}$<br>● $R$ と $C$ が入れ替わればハイ・パス・フィルタとなる |
| （RC ステップ応答回路） | ● RC回路のステップ応答 $t$<br>$$t = -RC \ln\left(1 - \frac{b}{a}\right) \,[\text{s}]$$<br>入力電圧の1/2までの時間 $t_h$ は $t_h \fallingdotseq 0.7RC$<br>● RC回路で時間遅れを作るとき，時間に対する素子感度が高くなり過ぎないように注意<br>● $R$ と $C$ が入れ替われば微分回路となる |
| （PN接合ダイオードと等価変換） | ● PN接合の順方向電圧 $V_D$<br>$$V_D = \frac{nkT \ln\dfrac{I_F}{I_S}+1}{q} \,[\text{V}]$$<br>シリコン，常温の場合，$V_D = 0.5 \sim 0.7\,\text{V}$<br>● PN接合の順方向電圧は半導体材料の物性と温度で決まる<br>$I_F$：順方向電流 [A]<br>$I_S$：逆方向飽和電流 [A]，$Ae^{-Eg/kT}$<br>　　シリコンの場合，$A$は$10^9 \sim 10^{10}$くらいで，常温で$I_S = 0.1 \sim 1\,\text{nA}$程度<br>$n$：理想ダイオード定数，$1 \sim 2$<br>$k$：ボルツマン定数，$1.381 \times 10^{-23}\,\text{J/K}$<br>$T$：絶対温度，セルシウス温度 [℃] $+ 273.15\,\text{K}$<br>$q$：電子の電荷，$1.602 \times 10^{-19}\,\text{C}$ |
| （PN接合の温度係数） | ● PN接合の温度係数<br>$$V = V_G - \frac{kT \ln\dfrac{A}{I}}{q} \,[\text{V}]$$<br>シリコンの場合，$-1.9 \sim -2.2\,\text{mV/℃}$<br>● PN接合の順方向電圧はバンドギャップ電圧と温度で決まる<br>$V$：順方向電圧 [V]<br>$I$：順方向電流 [A]<br>$V_G$：バンドギャップ電圧，シリコンの場合，約$1.17\,\text{V}$<br>$A$：定数，$7 \times 10^5 \sim 3 \times 10^7$程度<br>$k$：ボルツマン定数，$1.381 \times 10^{-23}\,\text{J/K}$<br>$T$：絶対温度，セルシウス温度 [℃] $+ 273.15\,\text{K}$<br>$q$：電子の電荷，$1.602 \times 10^{-19}\,\text{C}$ |
| （PN接合の動作抵抗） | ● PN接合の動作抵抗<br>$$R_D = \frac{kT}{qI_F}$$<br>シリコン，常温の場合，$R_D \fallingdotseq 0.026/I_F\,[\Omega]$<br>● トランジスタのB-E間のPN接合でも同様の計算が成り立ち，エミッタに対しての抵抗$R_E$となるため電流帰還動作に大きな影響を与えるので注意<br>$I_F$：順方向電流 [A]<br>$k$：ボルツマン定数，$1.381 \times 10^{-23}\,\text{J/K}$<br>$T$：絶対温度，セルシウス温度 [℃] $+ 273.15\,\text{K}$<br>$q$：電子の電荷，$1.602 \times 10^{-19}\,\text{C}$ |

# Appendix 2

「アンプのゲインは1000倍です」って言ったらモグリの可能性あり
# 電気の常識 dBの基本

表1 dB表記は分野によって使い分けられている

| 単位 | サフィックス | 意味, 基準 | 主な用途 |
| --- | --- | --- | --- |
| dB | － | 比1を0 dBとした相対値 | 汎用 |
| dB | － | 1 kHzの最低可聴音を0 dBとし, 周波数補正した絶対値. 相対値のdBと紛らわしい | 音響分野, 雑音測定 |
| dBc | c(career) | キャリア・レベルを0 dBcとした相対値 | 伝送回線, 無線回線 |
| dBO | O(Output) | 基準出力レベルを0 dBOとした相対値 | 伝送回線 |
| dBd | d(dipole) | ダイポール・アンテナ利得を0 dBdとしたゲイン(絶対値) | アンテナ・ゲイン |
| dBi | i(isotropic) | 理想アンテナゲインを0 dBiとしたゲイン(絶対値) | アンテナ・ゲイン |
| dBm | m(milli watt) | 1 mWを0 dBmとした電力(絶対値) | 汎用 |
| dBs | s(signal) | 600 Ω 1 mWの電圧(約0.77 V)を0 dBsとした電圧(絶対値). dBvあるいはdBuと書く人もいる | 低周波回路, レベル計などではdBm/600 Ωと表記 |
| dBSPL | SPL(Sound Pressure Level) | 音圧レベル$2 \times 10^{-5}$ Paを0 dBとした絶対値 | 音響分野 |
| dBμ | μ(microvolt) | $1\ \mu V_{EMF}$を0 dBμとした電圧(絶対値) | 無線回線(UHF帯以下) |
| dBV | V(Volt) | 1 Vを0 dBVとした電力(絶対値) | 低周波回路 |
| dBW | W(Watt) | 1 Wを0 dBWとした電力(絶対値) | 大電力回路 |
| dBkW | kW(kilo Watt) | 1 kWを0 dBkWとした電力(絶対値) | 大電力回路 |
| dBf | f(field) | $1\ \mu V/m$を0 dBfとした電界強度(絶対値). 0 dBf = $1\ \mu V/m$ = 0 dBμV/m | 特定の分野(放送関係)のみ |
| dBt | t(terminal) | 終端電圧$1\ \mu V$を0 dBtとした電圧(絶対値). 0 dBt = $1\ \mu V$ = $-6$ dBμ = $-107$ dBm(50 Ω系) | 特定の分野(放送関係)のみ |

● エレキ屋たる者dBに慣れるべし

　電気機器の設計や調整・検査または運用・保守をする上で［A］,［V］,［W］など多くのSI単位を使用します. ところが, 微小な電気信号を扱う分野, 例えば**無線/有線通信分野, 音響分野, 計測分野などでは, SI単位系の記号そのままではなく, dBを使う機会が多いです**.

　「自分は強電分野なのでdBは使わない」と思う人がいるかもしれません. でも, 電磁環境対策などで微弱信号を扱うこともあります. それに**多くの測定器はdBで表示されています**.

　dBを使わないと作業効率が上がらないだけでなく, 他の技術者との意思疎通さえできません. 普段の生活でdBを使うことはないので, 取っ付きにくいかもしれませんが, 電気屋ならぜひdBに慣れておいてほしいと思います.

## 基礎知識

● dBの意味

　dBはデシベルまたはデービーと読み, B(ベル：電話の発明者Alexander Graham Bellからとった単位)に1/10を意味する接頭語d(deci)を付けたものです.

電力の比率が$R$のとき, その常用対数($\log_{10}R$)をとった単位が［B］です. そして, その10倍の$10\log_{10}R$がdB単位です. この$R$は対数に対して真数といい, 常に正の値です. 単位として慣習的にdBだけを使い, Bを使うことはまずありません.

　例えば, 比率で2倍は$\log_{10}2 = 0.30103$ dB, $10\log_{10}2 = 3.0103$ dBです. 一方, 比率が1未満はマイナス符号がつき, 0.5倍は$10\log_{10}0.5 = -3.0103$ dBです. ここではdB数値を小数点下4けたまで書きましたが, 有効数字を考慮すると大抵は小数点下1けたまでで十分です.

● 実際の使われ方

　電子回路のいろんな資料を見ると, dBあるいはdBにサフィックスの付いた単位がたくさん使われています.

　技術者同士の会話にもたくさん出てきます. 例えば,

「このアンプのゲインは10 dBです」
「このアンプのひずみ率は40 dB以下にしてください」
「送信機の出力を30 dBに合わせてください」
「受信感度は0 dB以下です」

というぐあいです.

　単なるdBは比率を表すので, アンプのゲインが

10 dB（出力と入力の比）というのはわかりますが，送信出力が30 dBというのは比較するものがないと意味が通じません．また，ひずみ率は比率なので40 dBというのは論理的には合っていますが，出力のほとんどすべてがひずみ成分ということになってしまいます．

実は，dBは比率だけでなく絶対値を表す場合があり，サフィックスを付けて区別しています．会話の中では省略されることが多く（特にベテラン技術者の場合），ときにはマイナス符号さえ省略されます．いちいちサフィックスや符号まで読んでいると煩わしいからです．例えば前例の「ひずみ率40 dB」は正確には－40 dBのことです．

いろいろなdBの表し方があるので，内容を理解して意味を間違いないように聞き取らなければなりません．疑問に思ったら聞き直すようにしましょう．文章に残すときは省略などせずに正確に記述しましょう．

● dBのいろいろ

dBは単なる比を表すもので無次元ですが，サフィックスを付けて**表1**に示すようなさまざまな単位として使われています．これらの中には相対値（比）を表す単位と，絶対値を表す単位がありますので注意が必要です．

よく間違うのが「出力0 dBm，偏差±3 dBm」といった表現です．

書いた本人は標準出力が0 dBm（1 mW）で，±3 dB（約－50％，＋100％）の偏差があるというつもりでしょうが，真数で表すと1 mW±2 mWとなり，マイナス側の偏差が大きいときは出力が－1 mWになってしまいます（マイナスの電力は存在しない）．

特定の分野だけで使う単位もあるので，いつもの調子でサフィックスを省いて話すとデータを間違って伝えることもあります．異分野の技術者と打ち合わせるときには注意が必要です．

● dBを使うメリット
① 大きな比率を少ないけた数で表現できる

無線通信機器では，1 MW（＝1000000 W）以上の大電力から，1 fW（＝0.000000000000001 W）以下の極微小電力まで扱います．その比は20けた以上にもなります．一方，dB表記にすると1 MWは90 dBm，1 fW

は－120 dBmになり，少ないけた数で表せるので数字の扱いが容易になります．
② 真数のかけ算を足し算で表せる

複数段の増幅器や減衰器が接続されたときの合計ゲインを計算するときは加減算だけで済むので便利です．

**図1**は増幅器3個とフィルタ，減衰器を直列に接続した例で，真数表記とdB表記を併記しています．合計ゲインは50000倍，47 dBになります．真数の場合は各段のゲインのかけ算になるのに対し，dB表記の場合は各段のゲインの足し算で済むので計算が簡単です．これだけだとあまり便利さを感じないかもしれませんが，増幅段数がもっと多くなった場合や，各段のゲインを変更して再計算する場合は，簡単な計算のありがたさがわかってきます．
③ 人間の感覚に近い

人間（人間だけでなく生物全般もですが）は，外界からの刺激（音や光，匂いなど）の強さに対して相当広い範囲で知覚できるようになっています．

例えば，かすかな虫の声を聞き分けられますし，離陸するジェット機の轟音も音として感じられます．その音圧レベルの比は百億倍ほどもありますが，人間はそれほど大きな比と感じません．音圧を対数表記したほうが人間の感覚と合うため，音量や騒音を表すのに昔からdB表記が使われてきました．もっとも，比の大きい数値を扱うため，または計算に便利なのでdBを使ったのが先で，人間の感覚に合うのでさらに便利というのが本当のところでしょう．

## 間違いだらけのdB使い

● 一番よく使う電力と電圧のdB表記

電力比を$R$とした場合，dBは次のように計算されます．

$$dB = 10 \log_{10} R$$

電圧比を同じく$R$とした場合は，次のようになります．

$$dB = 20 \log_{10} R$$

例えば，$R = 10$とすると，同じ比率でも電力では10 dB，電圧では20 dBとなるので，初心者は戸惑います．なぜこのような計算方式を採用しているのでしょうか．

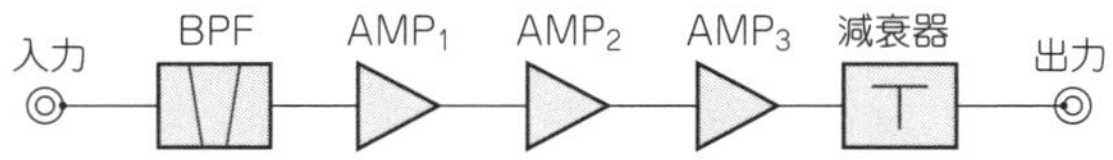

|  |  | 入力 | BPF | AMP$_1$ | AMP$_2$ | AMP$_3$ | 減衰器 | 出力 |
|---|---|---|---|---|---|---|---|---|
| 真数表記 | 利得 | － | ×0.5 | ×50 | ×200 | ×40 | ×0.25 | ×50000 |
| | 電力 | 1μW | 0.5μW | 25μW | 5mW | 200mW | 50mW | 50mW |
| dB表記 | 利得 | － | －3dB | 17dB | 23dB | 16dB | －6dB | 47dB |
| | 電力 | －30dBm | －33dBm | － | 7dBm | 23dBm | 17dBm | 17dBm |

**図1 多段増幅器の真数表記とdB表記**
dB表記だと加減算で計算できる

▶入出力インピーダンスが同じとき

図2のような増幅回路のゲインを考えてみましょう．dBは電力の比率で定義されているので，まず電力を計算してみると，50Ωで1Vのときの入力電力$P_{in}$は，次のようになります．

$$P_{in} = \frac{V_{in}^2}{R} = \frac{1 \times 1}{50} = 0.02\,\text{W}$$

同じく50Ωで10Vのときの出力電力$P_{out}$は，次のようになります．

$$P_{out} = \frac{V_{out}^2}{R} = \frac{10 \times 10}{50} = 2\,\text{W}$$

電力ゲイン$G_p$は，次のようになります．

$$G_p = 10\log_{10}\frac{P_{out}}{P_{in}} = 10\log_{10}\frac{2}{0.02}$$
$$= 10\log_{10}100 = 20\,\text{dB}$$

入力電圧が1Vで出力電圧が10Vなので，電圧ゲインは10倍です．同じ式で計算すると電圧ゲインは10 dBになり，電力ゲインと電圧ゲインが異なる数値になります．

電圧ゲイン$G_V$を次式で計算してみます．

$$G_V = 20\log_{10}\frac{V_{out}}{V_{in}}$$
$$= 20 \times \log_{10}\frac{10\,\text{V}}{1\,\text{V}}$$
$$= 20 \times \log_{10}10 = 20\,\text{dB}$$

電力ゲインも電圧ゲインも同じ20 dBです．さらに，電流の比を計算しても同じ20 dBです．数式的にいうと，インピーダンスが同じであれば電力の比は電圧（または電流）の2乗の比に等しいということです．

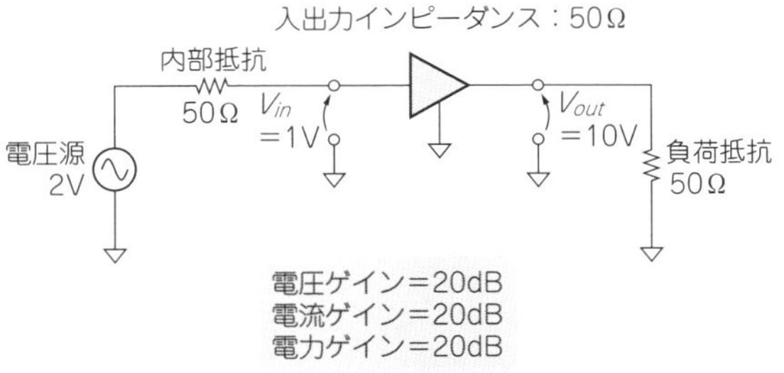

**図2 電力ゲインと電圧ゲイン**
入出力インピーダンスが同じならdB数値も同じ

$$G_p = 10\log_{10}\frac{P_{out}}{P_{in}}$$
$$= 10\log_{10}\frac{V_{out}^2}{V_{in}^2}$$
$$= 100 \times 2 \times \log_{10}\frac{V_{out}}{V_{in}}$$

このように，入出力インピーダンスが同一の回路においては，電力でみても電圧でみてもゲインは同じdB数値です．高周波回路は基本的には入出力インピーダンスが一定(多くは50Ω)なので，これもdB表記の利点の一つです．

▶入出力インピーダンスが異なるときの計算

図3について計算してみましょう．

$$G_V = 20\log_{10}\frac{V_{out}}{V_{in}}$$
$$= 20\log_{10}\frac{5\,\text{V}}{10\,\text{V}} = -6\,\text{dB}$$

電圧ゲインで見ると増幅器ではなく減衰器になっています．一方，入出力電力は次のようになります．

$$P_{in} = \frac{V_{in}^2}{R} = \frac{10 \times 10}{600} = 0.167\,\text{W}$$

---

## サッとdB⇔倍率変換できたらプロの仲間入り　　Column 1
0 dB⇔1倍！ 6 dB⇔2倍！ 20 dB⇔10倍！…

関数電卓を使えば真数をdB表記にするのも簡単です．しかし，実験しながら得られたデータをdBに換算するのに，いちいち電卓を取り出すのは面倒です．暗算でdB換算ができれば実験がスムーズに進みます．また，他の技術者と打ち合わせをするときにも暗算で換算できれば話がスムーズに進みます．そのためには，表Aに示すいくつかの基本数値(特に太字)の換算値を覚えておくことをおすすめします．dBにマイナス符号が付いた時は逆数になります．

〈藤田　昇〉

**表A 暗記しておけば便利なdB数値**
まずは太字の数値を覚えよう

| | 0 dB | 1 dB | 2 dB | 3 dB | 4 dB | 5 dB | 7 dB | 10 dB | 20 dB | 30 dB |
|---|---|---|---|---|---|---|---|---|---|---|
| 電力比 | 1 | 1.3 | 1.6 | 2 | 2.5 | 3.1 | 5 | 10 | 100 | 1000 |
| 電圧比 | 1 | 1.1 | 1.3 | 1.4 | 1.6 | 1.8 | 2.2 | 3.1 | 10 | 31 |

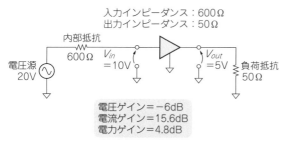

**図3 入出力インピーダンスが異なるときの電力ゲインと電圧ゲイン**
電圧利得がマイナスでも，電力ゲインはプラスになることも

$$P_{out} = \frac{V_{out}^2}{R} = \frac{5 \times 5}{50} = 0.5\text{W}$$

電力ゲインは，次のようになります．

$$\begin{aligned}G_p &= 10\log_{10}\frac{P_{out}}{P_{in}} \\ &= 10\log_{10}\frac{0.5\text{ W}}{0.167\text{ W}} \\ &= 10\log_{10}3 \\ &= 4.8\text{ dB}\end{aligned}$$

ちゃんと（電力）増幅器になっています．

● 音響分野のdB表記

音響分野では，音の大きさ，いわゆる音圧レベル（大気圧との差圧の実効値）をdBで表記します．

音圧レベル$2\times10^{-5}$Paを0 dBSPLとした絶対値です．SPLはSound Pressure Levelの頭文字です．また，$2\times10^{-5}$Paは人間が聞き取れる限界の1 kHzの音の大きさです．

以前から［フォン（phone）］という単位が使われてきました．1 kHzの音を人間が聞き取れる限界の大きさを0フォン（0 dB）とし，その上下の周波数においては，人間の平均的な聴覚が1 kHzと同じ大きさに聞こえる大きさを0 dBとしています．つまり，同じ0 dBでも周波数によって音圧レベルが異なります．また，聴覚は音の大きさによって周波数特性が変わるので，音圧レベルとの関係は複雑な曲線（等ラウドネス曲線）になります．聴覚の平均値はサンプリング方法（個人差，人数など）によって変わるので，複数種類の等ラウドネス曲線が存在します．

似たような単位に［ホン］があります．雑音レベルの測定などに用いる日本独自の単位で，1 kHzの0 dBSPLを0 dBとし，適当な周波数特性を持たせたものです．周波数特性にはa，b，cの3種類があり，それぞれを区別する必要があるときはdB(a)やdB(c)のように表記します．単にdBとあるときはdB(a)を指すのが原則です．

紛らわしいのは，異なる単位であるフォンもホンも単にdBと表記されることです．さらに，偏差の表記にもdBを使います．音響分野の数値を読むときは十分気をつけてください．

● 変則的なdBμ

高周波電圧の表記方法には，終端電圧と開放端電圧があります．

終端電圧は図4に示すように，高周波信号源の出力端子に負荷抵抗をつないだときの出力端子の電圧を表します．一方，図5に示すように，開放端電圧は負荷抵抗を外したときの出力端子の電圧を表します．高周波信号源の内部抵抗は多くは50Ωです．負荷抵抗も50Ωになるので，同じ信号源でも，負荷抵抗をつないだときと，つながないときで，表示電圧に2倍（6 dB）の差が出ます．

負荷抵抗をつながないと電力を取り出せませんから，原則的には終端電圧で表記しますが，dBμ（0 dBμ = 1 μV）のときは慣習的に開放電圧表記になります．ただし，国内と海外（欧米）では慣習が異なり，海外では終端電圧が原則です．

代表的な高周波信号源としてSG（Signal Generator, SSG：Standard Signal Generatorともいう）があります．国産SGと海外製SGで出力レベルの表示が同じ数値（例えば0 dBμ）だとしたときに，負荷端の電圧に2倍の差（国産SGは0.5 μV，海外製は1 μV）が出ます．これは，受信機の感度表記にも影響が出てきます．例えば，受信感度が同じ－10 dBμと表記されていたときは，国産受信機の感度の方が6 dB高いという意味です．

dBμが開放端電圧表記になっているのは，かつて通信や放送に長波や中波帯を使われていたころの電界強度測定方法に由来しているのでしょう．当時のアンテナは使っている電波の波長に比べて短いものが多かったので，アンテナのインピーダンスは50Ωや75Ωに比べて高く，しかも周波数によって変化しました．そのため，開放端電圧で測定したほうが便利だったの

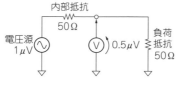

**図4 終端電圧の意味**
（1 μV，50Ωの例）
負荷抵抗を付けたときの電圧が終端電圧

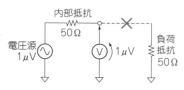

**図5 開放端電圧の意味**（1 μV，50Ωの例）
負荷抵抗を外したときの電圧が開放端電圧

表2 dBmとdBμの関係(50Ω系の場合)
同じ電力(dBm)でも終端と開放端で電圧の差が出てしまう

| 電力表記 | 終端電圧表記 | | 開放端電圧表記 | |
|---|---|---|---|---|
| dBm | dBμPD | VPD | dBμEMF | VEMF |
| 0 dBm | +107 dBμ | 224 mV | +113 dBμ | 488 mV |
| −107 dBm | 0 dBμ | 1 μV | 6 dBμ | 2 μV |
| −113 dBm | −6 dBμ | 0.5 μV | 0 dBμ | 1 μV |

表3 dB平均と真数平均
単に平均値というときは真数平均

| | dB表記 | 真数表記 |
|---|---|---|
| データ1 | −10 dBm | 0.1 mW |
| データ2 | 0 dBm | 1 mW |
| データ3 | +10 dBm | 10 mW |
| 平均値 | 0 dBm | 3.7 mW |

です．その名残が今でも続いているのでしょう．
ちなみに，電波法施行規則第二条の九十一で，

「受信機入力電圧」とは，受信機の入力端子における信号源の開放電圧をいう

と定義されています．
現在の高周波測定器はほとんどすべてがdBm表記なので，終端電圧と開放端電圧で悩むことはなくなりました．しかし，「電界強度測定器」と称する測定器は現在でも開放端電圧表記です．
文書上で単にdBμと書かれていると終端電圧か開放電圧かの区別ができないので混乱します．できれば，終端電圧のときはdBμPD(Potential Drop；電位降下)，開放端電圧のときはdBμEMF(Electro Motive Force；起電力)のようにサフィックスを付けて区別したいものです．dBmとそれぞれの数値の関係は表2のようになります．
もちろん，高周波分野以外でも開放電圧と終端電圧を使い分ける場合がありますが，その旨を明記していることが多く，高周波分野のような混乱はないようです．

● 勘違いしやすいdB平均

測定データの平均値をとる必要があるときがあります．表3のように3個の数値を平均化するときにdB表記のまま平均値を計算すると，0 dBm(＝1 mW)になります．一方，真数に直して平均値を計算すると3.7 mW(＝5.68 dBm)になり，数値が大きく異なってしまいます．どちらが正しいのでしょうか．
dB表記のときの足し算は真数のかけ算になるので，算術平均値が欲しい場合はdB表記を足し算して平均値を計算してはいけません．真数に直してから平均化し，dB表記に戻す必要があります．測定データがdBで表記されていると，ベテラン技術者でもついついそのまま平均してしまいがちです．気をつけましょう．数値のばらつきが小さいときはdB平均(＝相乗平均)と真数平均が近い値になるので見逃してしまいます．

〈藤田　昇〉

(初出：「トランジスタ技術」2015年7月号)

---

## 予期せぬどんな異常事態にも備えてこそプロ中のプロ
誠意を尽くせ！

**Column 2**

営業や顧客，社内部門からの要求仕様を満足するだけでは，必ずしもすぐれた設計とは言えません．正常状態で機器が動作するのはあたりまえで，機器にとっての異常な条件を想定し，その対応策までを設計に盛り込むのがプロの仕事です．
商用電源(AC 100 V)を利用する機器の動作電圧範囲は±10％とするのが一般的で，設計時にはさらにマージンをみて±15％程度まで考慮します．この機器に定格の2倍のAC 200 Vを入力すれば，たぶん壊れてしまうでしょう．もし，正常に動作したら過剰設計です．
壊れるときに高温になったり火や煙を出したりしては2次災害につながりかねません．このような異常状態を想定し，2次被害が出ないようにするのがプロの設計です．
「商用電源電圧が2倍も変動するはずがない」と思うかもしれませんが，屋内配線のミスなどで100 Vラインに200 Vが加わることもあり得るのです．いや，当然過電圧は考慮しているよという人でも，電圧が定格の半分(50 V)まで落ちたときの動作まで考慮しないことが多いです．「商用電源電圧が半分まで落ちることはあり得ないし，たとえあっても電圧が下がって壊れるはずがない」と思うかもしれません．海外では商用電源電圧が半分以下になることもあります．回路構成によっては，電圧が半分の状態が長時間続くと内部損失が増加して部品が壊れることもあります．
つまり，機器は使い方や自然現象によって過酷な環境に置かれることもあるし，人為的ミスや事故の巻き添えで思わぬ過酷な環境にさらされることがあります．設計者はできるだけ異常な環境を想定し，そのときの機器の動作を制御範囲の中に納めなければなりません．特に，大きなエネルギを扱う機器やシステムは破壊による2次被害も大きくなるので，十分注意して設計しなければなりません．

〈藤田　昇〉

# 第4章 世界中のエンジニアが知っている！
# 回路図の描き方コモンセンス

黒田 徹 / 馬場 清太郎 / 下間 憲行
Tooru Kuroda / Seitaro Baba / Noriyuki Shimotsuma

## 1. 配線図のルール
### 回路図全体の構図を決める

● ルール1　電位の高いほうを上に描く

振幅±1Vの信号を入力すると，±10Vに増幅して出力する回路を図1に示します．

電源電圧は電位の高いほうを紙面の上部に配置します．

電源は電荷がたまった貯水池みたいなもので，電源電圧は，貯水池の場所の標高に相当します．そして電流は電圧の高いところから低いほうに向かって流れます．これは水が高い場所から低い場所に向かって流れるのと同様です．

● ルール2　信号は左から右へ

図1を見ると，信号は入力から出力まで，左から右に流れていることがわかります．

これは横書きの文章を左から右へ書くのと同様です．

● ルール3　縦長の回路図は間延びする

図2(a)は回路を縦長に描いたとき，図2(b)は横長に描いたときです．

図2(b)のほうが美しいと思いませんか．

一般に，縦・横の比が黄金比率(1:1.6181)になっていると，人は美しいと感じるらしいです．

● ルール4　グラウンドを描き分ける

グラウンド(アース)は，大別すると次の3種があり，記号が違います．表1にグラウンドの回路記号を示します．

① 信号グラウンド
② シャーシ・グラウンド(フレーム・グラウンド)
③ 大地アース

アナログとディジタルの両方を含む回路は，アナロ

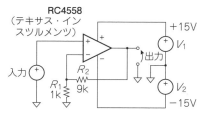

図1　電源電位は高い方のラインを上とし，信号は左から右に流すようにする
±1Vを±10Vに増幅する回路の例

表1　グラウンドにも種類があるので描き分ける必要がある

| 種　類 | 記　号 |
|---|---|
| 信号グラウンド | ▽ |
| コモン・グラウンド | ▽ |
| 大地アース | ⏚ |
| シャーシ・グラウンド | ⎯⎯ |

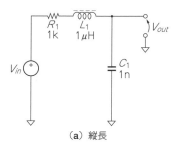

(a) 縦長

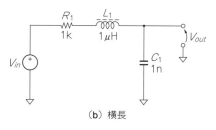

(b) 横長

図2　縦・横比は横長の黄金比が美しい

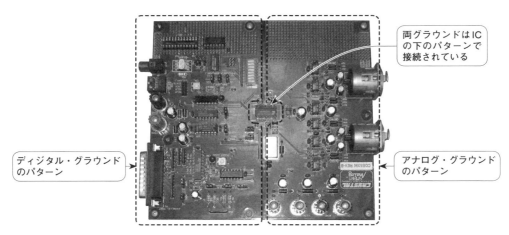

**写真1 基板上でもディジタル・グラウンドとアナログ・グラウンドは分離した上で接続することが多い**
ステレオ用24ビットA-DコンバータIC(アナログ-ディジタル変換IC)CS5396(シーラス・ロジック)の評価ボードの例

グ・グラウンドとディジタル・グラウンドに分けて表示する場合があります．同じグラウンド記号を使っていても，実際にはプリント基板のグラウンド・パターンは**写真1**のようにアナログとディジタルに分離したうえ，1ヵ所で接続するのが一般的です．

電子回路シミュレータのグラウンドは，厳密には信号グラウンドですが，シャーシ・グラウンドや大地アースの記号を流用したものもあります．

プリント基板を使わなかった大昔は，信号グラウンドとシャーシ・グラウンドを区別せず，両者を同じ記号で表していました．

なお，プリント基板のグラウンドの抵抗は，ゼロΩではありません．

● ルール5　回路図の線の太さを変える

**図3**は，ICの外枠を太線で描きメリハリをつけています．

電源の配線やデータ・バス，アドレス・バスなども太線にする場合があります．

● ルール6　配線の交差はなるべく減らす

**図4**(a)は負の電源配線と信号配線が交差しています．**図4**(b)はターミナルを使って交差しないようにしました．

例のような簡単な回路ではたいして違いがないかもしれませんが，複雑な回路はターミナルを使うと回路がスッキリします．　　　　　　　　　　〈黒田　徹〉

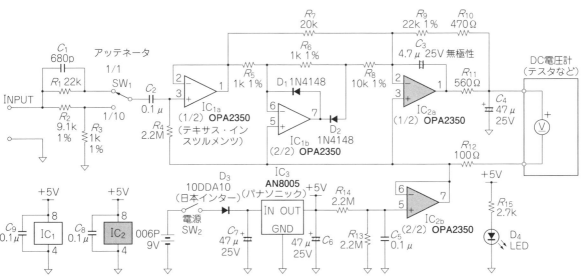

**図3**(2)　ICの外枠を太線で描くと配線とのメリハリがつく
交流電圧測定用アダプタの例

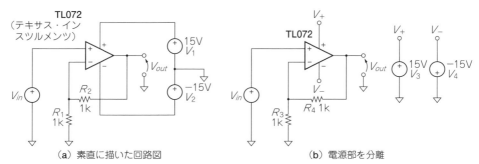

図4 配線を交差させないように工夫するとスッキリと見える
(a) 素直に描いた回路図　(b) 電源部を分離

● ルール7　十字接続は避ける

図5(a)は単純な交差です．信号A1とB1はつながっていません．初心者向けの回路図では，つながってないことを積極的に示すため，図5(b)のような表記を用います．

図5(c)では，中央の接続記号により両信号がつながりました．これを図5(d)のように表現しようというルールです．部品のある回路だと図5(e)ではなく図5(f)のように配置します．

なぜ図5(c)の十字表現が良くないかは次のとおりです．

- 紙に印刷された回路図を複写したときなど，汚れが付着して図5(a)が図5(c)に，あるいはその逆になってしまうかもしれません．
- 図5(d)のルールで回路図を描いておけば，接続記号から出入りする配線はいつも3本となり，接続記号が消えても交点は必ず接続していることになり

ます．十字でクロスしている配線は通過しているだけで，もし接続記号が見えたらそれは「ゴミ」と判断できます．　　　　　　　　　　　〈下間 憲行〉

● ルール8　矢印を添えると信号の流れがわかりやすくなる

図6はサレン氏とキー氏が考案したフィルタの原理回路図です．少しわかりにくいのですが，正帰還がかかっています．帰還路に信号の流れを示す矢印を付けたので，これがフィードバックとわかるでしょう．

● ルール9　たすき掛けを使うときれいに見える

アナログ回路は，とても複雑に見えますが，いくつかの基本回路の組み合わせにすぎません．その基本回路の一つに「ギルバート型乗算器」と呼ばれるものがあります．これは，図7のように4個のバイポーラ・トランジスタを結合したものです．$Q_3$と$Q_4$のコレクタが$Q_1$と$Q_2$のコレクタに，「たすき掛け」されていることがわかります．

回路図の配線は，水平または垂直に描くのが基本ですが，斜めにたすき掛けすると，美しく見えることがあります．

● ルール10　部品の物理的な配置がわかるように描く

基板設計者と回路設計者が違う場合は，回路設計者の意図が基板設計者に伝わるよう配慮します．

例えばOPアンプのパスコンなど基板実装時に近く

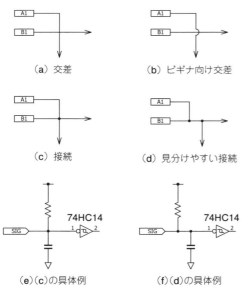

(a) 交差　(b) ビギナ向け交差
(c) 接続　(d) 見分けやすい接続
(e) (c)の具体例　(f) (d)の具体例

図5　十字結線を避けると，交差と接続の判断がつきやすい

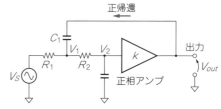

図6　配線に信号の向きを矢印で示すと信号の流れがわかりやすい
サレン・キー・フィルタでの正帰還の例

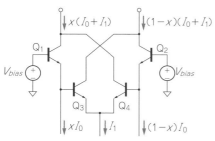

図7 斜めにたすき掛けで描くと美しくなる
ギルバート型乗算器の例

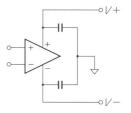

図8 基板上の物理的な配置を回路図で表現すると間違いが起きにくい
OPアンプのバイパス・コンデンサの例

に配置したい部品は，図8のように回路図でもOPアンプの近くに描くことで，基板CADの担当者が遠くに配置する間違いを軽減できます.　　　〈黒田 徹〉

● ルール11　デバイスのパッケージ形状を配置してもよい

図9(a)は3端子レギュレータ78L05を示しています.デバイスの形を示すTO-92というパーツを作っておき，適時ピン名称を変更します．実物に似せた形状の回路図記号を使うと実装時に向きの間違いを防げます．

図9(b)は面実装パッケージの抵抗内蔵型トランジスタの例です．図10のように，同一品番のトランジスタを多数並べるときなど，従来の回路記号を使うよりもコンパクトにまとめることができます．

〈下間 憲行〉

● ルール12　適当な空白は回路図を美しくみせる

図11はOPアンプTL071/072/074の内部等価回路です．

初段の接合型FETの$J_1$と$J_2$の間隔がやや広いです

が，この間隔を狭めると，$Q_1$，$Q_2$，$Q_3$が狭い空間にひしめくことになり信号の流れが見えにくくなります．

混雑を避けようとすれば，必然的に空白の空間が生じますが，それは必要なスペースですから，削ってはいけません．　　　　　　　　　　　　　　〈黒田 徹〉

● ルール13　ICの電源端子とパスコンはまとめて描く

回路図を描くとき，LSIを除く低集積度IC(ゲートやフリップフロップなどのディジタルICや，OPアンプIC)の電源端子とパスコンを省いて信号処理部分を描けば，回路動作を機能的に理解しやすくなります．そのため，信号処理部分だけの回路図を描くことはよく行われています．

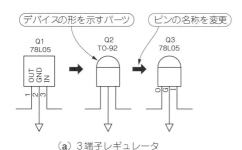

(a) 3端子レギュレータ

(b) 抵抗内蔵型トランジスタ

図9 デバイスの実物に似せた形状の回路図記号を使うと，向きを間違えにくい

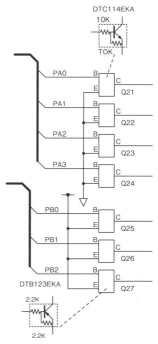

図10 従来の回路図記号を使って図示するよりもコンパクトになることもある

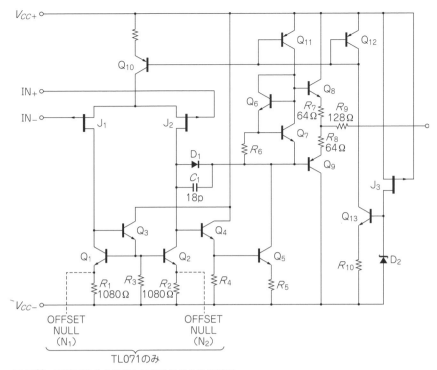

**図11**[(4)] 回路図の余白はきれいに見せるために重要
TL071/072/074の内部等価回路．テキサス・インスツルメンツ社のデータシートから一部加筆

　しかしその場合，回路図から部品を拾い出して部品表を書くときにパスコンを忘れたり，パターン設計のときに誤動作の多い電源とグラウンド配線を行いがちです．なおパスコンはバイパス・コンデンサの略称です．電源とグラウンド間に入れるバイパス・コンデンサは動作対象の周波数から，高周波ノイズ対策用のデカップリング・コンデンサと低周波ノイズ対策/直流エネルギ蓄積用のバルク・コンデンサに分けられますが，ノイズ対策を問題とするとき以外では一般にパスコンと総称しています．

　回路図面の中心部に信号処理部分を描き，**図12(a)** のように回路図の上側あるいは下側に電源入力とIC形状のわかりやすい記号を描いて，パスコンを入れておけばこの問題は起きません．

　回路図へのICの記載順序は，パターン設計のときのICの配置を考えながら，電源電流の多い出力側から描いていきます．電源ノイズに敏感な入力側には，**図12(a)** に示した抵抗とコンデンサによるノイズ・フィルタや能動素子を使ったリプル・フィルタを入れる場合もあります．

　信号を中心とする機能的な回路と電源回路をこのように別個に書くと，理解しやすい回路図になります．信号を中心とするIC回路に電源配線，パスコンとノイズ・フィルタをすべて書き込むと，回路図を見て信号処理の動作を理解するのに，この電源配線は無視してもよいものか考える必要があるため，余分な時間がかかります．

● ルール14　電源回路のグラウンド記号は最小限に

　AC-DCコンバータの回路図を見ると，グラウンド記号はフレーム(筐体)・グラウンドだけです．この理由は，1次側と2次側に機能的な動作上のグラウンド(信号の共通帰線)があり，1次側と2次側で区別したグラウンド記号を使っても，間違えて接続すると安全上重大な事故を引き起こすためです．安全上の理由から，フレーム・グラウンドにはグラウンド記号を表示した端子(M4以上のねじ穴でも可)を用意し，外部に配線を取り出して接地します．

　**図13**に基板上に置かれるLDOを含む3端子レギュレータの回路図を示します．

　**図13(a)** のグラウンド記号を多用した回路図で，実際の配線が図のように前後しない保証はありません．つい手近な端子を結ぶのはよくあることです．**図13(b)** のようにグラウンド記号をブロック外に一つ描けばその危険性は幾分か少なくなります．いずれにしてもパターン設計者にきちんと指示することは必要です．

　DC-DCコンバータの場合でも，機能ブロック内ではグラウンド記号を使わずに，**図13(b)** と同じように

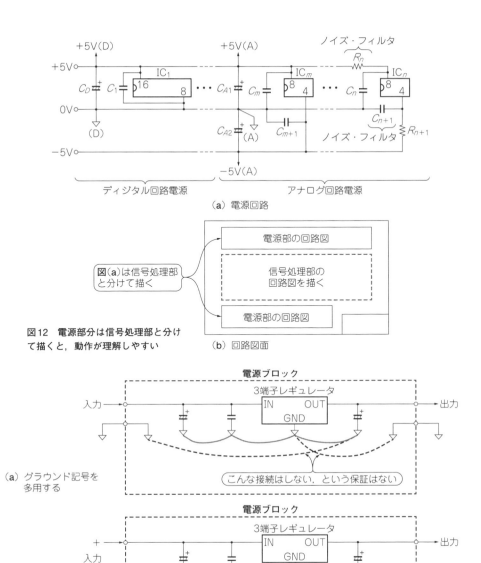

図12 電源部分は信号処理部と分けて描くと，動作が理解しやすい

(a) 電源回路
(b) 回路図面

図13 電源回路のグラウンド記号

入出力とブロック内の配線方向を明示し，必要ならグラウンド記号を出力側に入れます．

問題は電源の種類が多く，電源回路が何種類もある装置の場合です．グラウンド記号を使わなくてもグラウンド配線は必要ですから，入力側の元電源のグラウンド一つに対し，各電源回路のグラウンドは多数，出力側のグラウンドは一つで，グラウンド・ループができてしまいます．

その場合，回路図上は対策のしようがありませんから，パターン設計でグラウンド・ループはできるだけ小さくなるようにします．

● ルール15　電源回路のグラウンド配線はリプル電流を考慮して描く

電源回路の負荷はアナログ／ディジタル電子回路です．負荷にとって，電源回路の出力端子のリプル電圧はできるだけ小さいことが望まれます．

電源回路の各部品ごとにグラウンド記号を使うと，パターン設計を行うときにどのように配線してよいのか迷います．グラウンド記号を使わないで描いても，単純に接続するだけでは出力リプル電圧は小さくなるとは限りません．

最も基本的な例として，**図14(a)**に中点タップ付き商用トランスを使用した正負電源の整流回路を示しま

す．このままパターン設計を行うと，矢印付き点線で示したリプル電流が平滑コンデンサの配線に流れるため，コンデンサ間のグラウンド配線にリプル電圧が現れます．この後に3端子レギュレータで安定化したとしても，微小信号の増幅回路を含む装置ではグラウンド配線に重畳したリプル電圧が悪影響を及ぼす可能性があります．

図14(b)に入力側グラウンド配線と出力側グラウンド配線を分離した整流回路を示します．このように，グラウンド配線に流れるリプル電流を考慮して描き，パターン設計のときに回路図どおりに配線すれば，出力リプル電圧を小さくできます．

パターン設計のときには，図14(c)のように入力（トランス）側と出力側とのグラウンド・パターンを一部カットして，回路図どおりに配線するよう，パターン設計者に指示します．

● ルール16 電源回路では電流の流れに沿って描いてもよい

▶降圧コンバータの場合

図15(a)に降圧型コンバータの回路を示します．矢印付き実線が$Tr_1$がONしたときの電流，矢印付き破線が$D_1$が導通したときの電流です．このとおりにパターン設計を行うと，制御回路の電源配線にスイッチング電流が重畳していて，出力電圧を一定にするために電圧検出を行っている部分の基準点と制御回路の基準点がスイッチング電流によって変動し，悪影響を受けることがわかります．

パターン設計のときに影響を受けないように配線すればよいわけですが，図15(b)のように描いて電圧検出の基準点と制御回路の基準点を同一電位とすれば，回路図どおりに配線して簡単に正しいパターン設計ができます．

図のように配線すれば，入力と出力のグラウンド間にはスイッチング電流はほとんど流れません．$C_2$はスイッチング電流の高周波成分をこのコンデンサに流して，入力電源側にリプル電圧を発生させないためのデカップリング・コンデンサです．

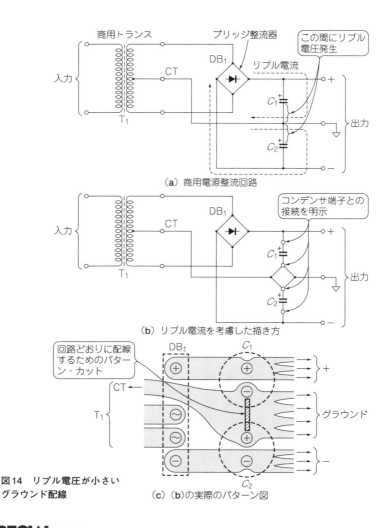

図14 リプル電圧が小さいグラウンド配線

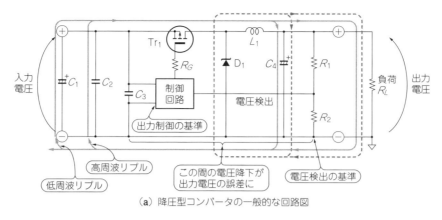

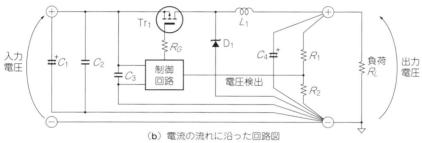

図15 電流の流れを意識した降圧型コンバータ回路

▶昇圧コンバータの場合

図16(a)に昇圧型コンバータの回路を示します．矢印付き破線が$Tr_1$がONしたときの電流，矢印付き実線が$Tr_1$がOFFしたときの電流です．この場合でも回路図どおりにパターン設計を行うと，制御回路の電源配線に実線で表したスイッチング電流が重畳していて影響を受けることがわかります．図16(b)のように描いておけば回路図どおりに配線して簡単に正しいパターン設計ができます．このままだと出力側にはスイッチング周波数のリプル電圧が現れるから，出力側にデカップリング・コンデンサを追加することが望ましいです．

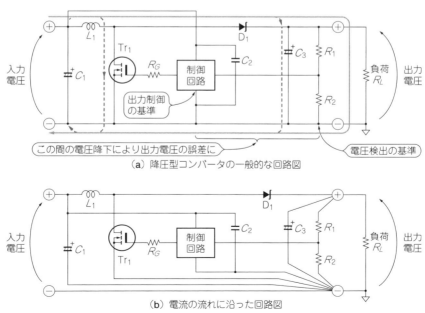

図16 電流の流れを意識した昇圧型コンバータ回路

1. 配線図のルール

▶パターンに対応した回路図を描く

図15(a)や図16(a)の描き方のほうが美しいので，図15(b)や図16(b)の描き方は推奨しにくいのですが，パターン設計のときにはこのような配線を行う必要があります．特にベタ・グラウンドを採用するときには，グラウンド・パターン内の必要な部分にパターン・カットを入れて，電流を図15(b)や図16(b)の結線のように流す必要があります．

回路図表記の都合により大きな電流ループとなっていますが，実際のパターン設計では電流ループができるだけ小さくなるように，部品配置とパターン配線を工夫することは非常に大切です．電流ループが大きいと信号処理部分に電磁誘導でスイッチング周波数のスパイク波形が重畳したり，空中に直接電磁波として飛び出しEMI(Electro Magnetic Interference，電磁妨害，エミッションとも言う)の問題を引き起こします．

〈馬場 清太郎〉

## 2. 回路図記号のルール
### 種類の描き分けや配置する向き

### ■ 回路図記号全般

● ルール17　回路図記号にはバリエーションがある

例えば，抵抗には図17(a)に示すような記号があります．

元来，回路図記号は，その素子の外観や機能を象徴的に表すもの，つまりシンボルです．抵抗器は100年以上前からありますが，製造技術の進歩で外観が大きく変わりました．それで，最近は，図18の記号を使うようになりました．

学校で習う記号も今は図18のはずです．時代が変われば記号も変わるようです．回路図記号は，章末にまとめています．

● ルール18　回路図記号は大き過ぎず，小さ過ぎず

図19は整流回路です．トランスの記号が他のパーツより大きいので，アンバランスな印象を与えます．

### ■ 受動部品

● ルール19　部品番号は左から右に昇順でつける

図20(a)は抵抗とコンデンサの部品番号を左から右に昇順でつけています．図20(b)は部品番号の順序がランダムです．ランダムだと，特定の素子を探すのに手間がかかってしまいます．

● ルール20　部品の定数値は部品の近くに明記する

図21(a)は抵抗値やコンデンサの静電容量値が部品の近くに表示されています．図21(b)は部品の定数値が部品から少し離れているので，場合によっては抵抗の値とコンデンサの値の取り違いが起こります．部品の定数値は，なるべく該当する部品の近くに配置します．

● ルール21　回路図中の単位ΩやFは省ける

図22の$R_{12}$の値は10 kΩ，$R_{13}$の値は100 kΩですが，それぞれ10 k，100 kと記入しています．また，$C_1$の値は10 pFですが，10 pと単位を省いて記入しています．

回路図を見る人は，抵抗の単位はΩでコンデンサの単位はF，ということを知っているだろうと考えられますし，複雑な回路図はこれにより少しスッキリさせられます．

● ルール22　半固定抵抗と可変抵抗器を描き分ける

半固定抵抗器と可変抵抗器の回路図記号を図23に示します．言葉は似ていますが別のものなので描き分ける必要があります．

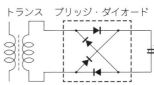

図19　トランスのサイズが他の部品よりも大きすぎるのでアンバランスに見える
整流回路の例

図17　抵抗の種類に対して回路図記号を使い分ける

図18　教科書で使われている回路図記号

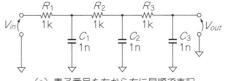

(a) 素子番号を左から右に昇順で表記

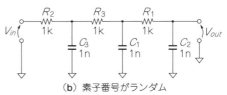

(b) 素子番号がランダム

図20　部品番号は回路図の左から右に昇順でつける

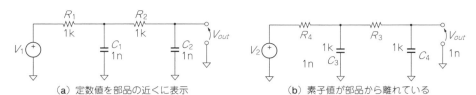

(a) 定数値を部品の近くに表示　　(b) 素子値が部品から離れている

**図21** 部品番号と部品の定数は該当する部品の近くに配置する

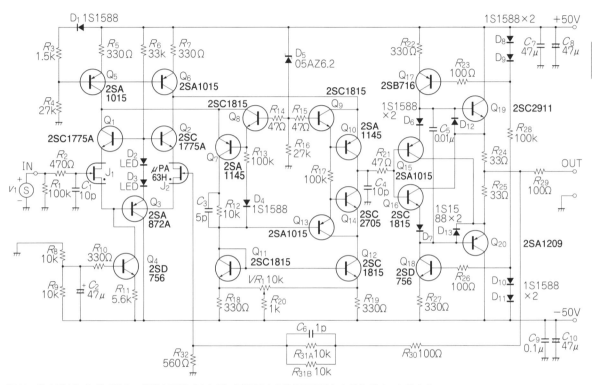

**図22** 読み手が初心者ではない複雑な回路であれば，回路図中の単位は省略したほうがスッキリする

半固定抵抗はプリント基板などに実装し，工場でスライダを最適値に調整して出荷します．ユーザがスライダを動かすことは原則としてありません．

一方，可変抵抗器は，音量調整のように，ユーザが頻繁にスライダを動かすことを想定して製造されています．

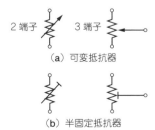

(a) 可変抵抗器

(b) 半固定抵抗器

**図23** 可変抵抗器と半固定抵抗器の回路図記号は使い分ける

● **ルール23　電解コンデンサには極性を明記する**

電解コンデンサには極性があります．逆極性の電圧を加えると，静電容量が激減したり，内部の圧力が増加して破壊するおそれがあります．したがって，**図24**のように極性を明示します．－符号は省略します．

● **ルール24　無極性電解コンデンサはN.P.またはB.P.を添える**

極性が定まらない電圧を電解コンデンサに加える場合は，無極性電解コンデンサを使います．回路図記号を**図25**に示します．シンボル右横の表示「B.P.」は

または

**図24** 有極性電解コンデンサは極性を間違えて使うと破壊するので極性の記号を添える

図25 無極性電解コンデンサは「B.P.」か「N.P.」を添えて有極性電解コンデンサと区別する

Bipolar（二極），「N.P.」はNonpolar（無極）を意味します．

なお，無極性電解コンデンサは，2個の有極性電解コンデンサを逆向きに接続したものと等価です．

## ■ トランジスタ

### ● ルール25　NPNはコレクタが上．PNPはエミッタが上

これは「ルール1　電位の高いほうを上に描く」によって派生するルールです．

図26は相補エミッタ・フォロワと呼ばれる回路です．出力インピーダンスが低いので，増幅回路の最終段に使われます．ルールに則っているのがわかります．

### ● ルール26　NチャネルMOSFETはドレインが上．Pチャネルはソースが上

これも「ルール1　電位の高いほうを上に描く」によって派生するルールです．

図27は，NチャネルMOSFETとPチャネルMOSFETで構成したソース・フォロワです．ルールに則っているのがわかります．

### ● ルール27　Nチャネル接合型FETはドレインが上．Pチャネルはソースが上

これも「ルール1　電位の高いほうを上に描く」から派生するルールです．

図28は初段と2段目に接合型FETを使ったオーディオ・アンプです．ルールに則っているのがわかります．

### ● ルール28　トランジスタを横向きに描くこともある

図29は定電圧回路です．この回路のトランジスタは，このように横向きに描くのが一般的です．

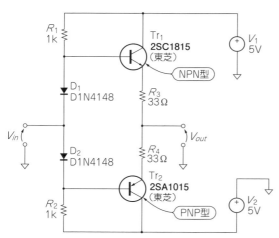

図26　NPNはコレクタを上に，PNPはコレクタを下にする
相補エミッタ・フォロワの例

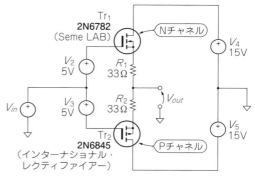

図27　MOSFETの向きはNチャネルだとドレインが上，Pチャネルだとドレインは下
ソース・フォロワの例

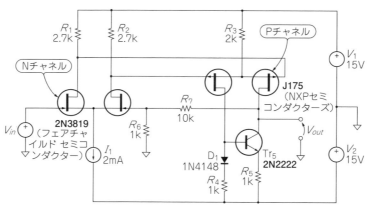

図28　接合型FETの向きはNチャネルだとドレインは上，Pチャネルだとドレインは下
オーディオ・アンプの例

● ルール29　MOSFETの矢印の向きを間違えない

図30にMOSFETの回路図記号を示します．PチャネルMOSFETとNチャネルMOSFETはサブストレート・ゲートの矢印の向き(PN接合ダイオードの極性を表す)で区別します．矢印の向きを間違いやすいので，十分注意しましょう．

MOSFETではゲート端子の他にサブストレートがゲートの機能を持っていて，これをサブストレート・ゲートといいます．通常，ディスクリートMOSETのサブストレート・ゲートは，ソース端子に内部接続されています．

サブストレートは，ICチップの製造に使われる半導体でできた薄い基板です．ウェハとも呼びます．シリコン製のものが多く，これを特に「シリコン・ウェハ」と呼びます．

● ルール30　MOSFETの簡略表示は正式な回路図記号の矢印の向きと逆

MOSFETのサブストレート(ゲート)を回路図に描くと大変見にくくなるので，図31のような簡略表示で済ますことがあります．

簡略表示のソース端子に矢印を付けてPチャネルとNチャネルを区別しますが，矢印の向きに気をつけてください．簡略表示のソースの矢印は電流の流れる向きを表しています．一方，図30で示した正式表示の矢印の向きは，サブストレートとチャネル間に形成されるダイオードの向きを表しています．

● ルール31　接合型FETはダイオードとして使われることがある

接合型FETはつなぎ方によってダイオードとしても使われています．図32に示す3種類のつなぎ方があります．図32(c)に示すようにドレインとソースを接続すると，リーク電流が極めて小さいダイオードになります．

● ルール32　複合トランジスタもパッケージの枠で囲む

一つのチップに2個のトランジスタを形成したものや，パッケージに2個のトランジスタを封入したものを，複合トランジスタと呼びます．回路図記号は，図33に示すように，パッケージ内のトランジスタを枠で囲みます．同じウェハによるものなので，オフセット電圧は小さく複合トランジスタは差動増幅回路などに使われます．

■ 信号源

● ルール33　信号源の種類と記号はいろいろある

さまざまな電圧信号源の回路図記号を図34に示します．汎用信号源の回路図記号は波形によらず，どん

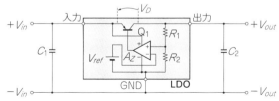

図29[9]　レギュレータICは通常コレクタ-エミッタを横向きに配置する
レギュレータICの例

(a) PチャネルMOSFET　　(b) NチャネルMOSFET
(Dはドレイン端子, Sはソース端子)

図30　MOSFETのソースとドレインの向きは，サブストレート・ゲートの向きで判別するので間違えないようにする

(a) Pチャネル　　(b) Nチャネル

図31　MOSFETを簡略化した記号のサブストレート・ゲートの向きは，正式な回路図記号と逆

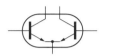

図33　パッケージを表す枠を描く

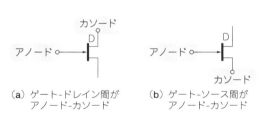

(a) ゲート-ドレイン間がアノード-カソード　(b) ゲート-ソース間がアノード-カソード

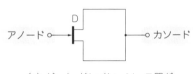

(c) ゲート-ドレイン・ソース間がアノード-カソード

図32　接合型FETはダイオードとしても使われる

(a) 汎用電圧源　(b) 直流電圧源　(c) 交流電圧源

**図34　信号源は種類によって描き分ける**

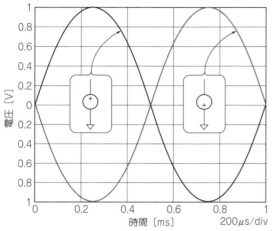

**図35　汎用電圧源の極性表示と出力波形**
正弦波の発生の例

な信号にも使えます．

汎用信号源の上の端子に＋が付いていますが，これは，常に正の符号を持つ信号を意味するものではありません．信号源の下の端子を基準に電圧を定めるという意味です．例えば，初期位相＝0の1kHz正弦波は＋の表記位置によって図35に示す信号になります．

## ■ IC

● ルール34　反転増幅器は反転入力端子が上，非反転増幅器は非反転入力端子が上

図36のように入力端子の位置を定めるのが一般的です．

● ルール35　OPアンプの電源端子やパスコンは省ける

図37に示すとおり，OPアンプに電源を接続し，またOPアンプの電源端子にパスコンを接続するのは常識ですから，電源端子やパスコンを省いても，混乱は起きません．

● ルール36　ICやLSIの端子番号は実際のICと同じ左回り

図38に示すように，ディジタルICやアナログICの端子番号は左回りです．

● ルール37　ディジタルICの端子は機能別にまとめると動作がわかりやすい

図39はディジタル・オーディオ・レシーバーIC

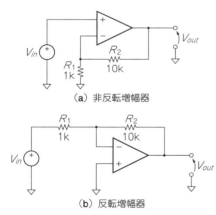

**図36　反転増幅器は反転入力端子を上に，非反転増幅器は非反転入力端子を上に描く**

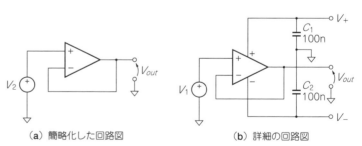

**図37　電源とバイパス・コンデンサは省略することがある**

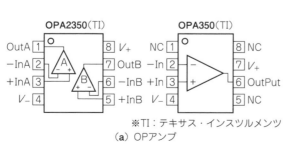

※TI：テキサス・インスツルメンツ
(a) OPアンプ

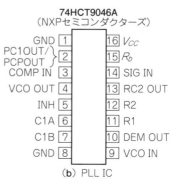

(b) PLL IC

**図38　ICの端子番号は左回りに描く**

CS8414（シーラス・ロジック）の端子接続図です．IC端子が機能別にまとめられているので，信号の流れや動作がわかりやすいでしょう．このICは，音声信号をディジタル転送するためのS/PDIF(Sony Philips Digital InterFace 規格)信号から，クロックやデータを抽出(復調)します．　　　　　　　　〈黒田　徹〉

● ルール38　CADの部品ライブラリは回路に合わせて変える

回路図CADの命は，部品ライブラリです．描く回路図に合わせて積極的にピン配置を変えてみましょう．理解しやすい回路図を描くには，ピン番号の並びより信号配置のほうが重要です．

一つのピンにさまざまな機能が割り当てられているマイコン，アトメルのATtiny25を例に説明します．

ピンに割り当てられた機能を全部表記すると図40(a)のようになってしまいます．これでは美しい回路図は描けません．

これを簡略して，電源とGNDそれにI/Oポート名だけにすると図40(b)のようになります．

ピン配置は8ピン・パッケージのままで，1番ピンはポートではなくリセットにしています．これが最低限の表記です．

次に，「ルール2　信号は左から右へ」のルールに従い，部品としてのピン配置や信号表記を思い切って変えてみましょう．

図40(c)では，ポート名は残し，回路として使うマイコンの働きを示す信号名を付加しています．こうすれば，何を入力して出力するのか一目瞭然です．

〈下間　憲行〉

● ルール39　7セグLEDを並べるときはバス・ラインを使う

回路図に7セグLEDを並べるとき，回路図CADでネット・リストを出力するなら図41(a)のようにバス・ラインと信号名を記した接続線を使います．

ですが単純に接続を示すだけでよいのであれば，図41(b)のように部品ピンの接続は無視し，横線で隣とつないでしまいます．そして，駆動出力への接続先を図41(b)のLED1だけバス・ラインを使って描きます．

このとき，種類の違う信号線（この例では8本のセ

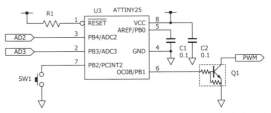

(a) ピンに割り当てられた機能をすべて表記

(b) 電源とI/Oポート名だけに簡略

(c) ポート名に加え，回路として使うマイコンの働きを示す信号名を示すと入出力がわかりやすい

図40　回路CADの部品ライブラリは積極的に変更して見やすくする

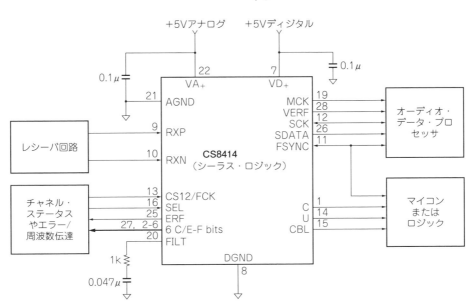

図39　ディジタルICの端子は機能別にまとめて描くと動作がわかりやすい

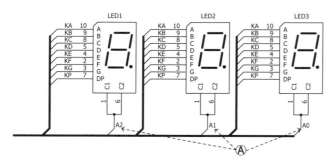
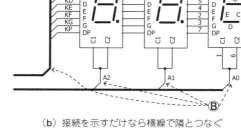

(a) ネット・リスト出力を考慮した接続　　(b) 接続を示すだけなら横線で隣とつなぐ

図41　7セグLEDの配線図の例

グメントと3本のコモン駆動信号)を同じバスに混ぜないほうが見やすくなります．ⒶではなくⒷのようにして別の信号として取り扱うのです．

また，図41(b)ではLED3だけピン番号を残し，同じ部品ということでLED1とLED2のピン番号を消してしまっています．このために，回路図CADではピン番号を消した同一形状の部品を作り直しています．

〈下間 憲行〉

● ルール40　ディジタルICのバスは束ねて1本の太線にする

図42に実例を示します．データ・バスを1本の太線にしています．

● ルール41　論理を反転させる回路図記号はいろいろ

具体的には図43に示すような回路図記号がありますが，必ずしもどれを使ってもよいわけではありません．例えば正論理NANDの出力に論理否定回路を接続する場合は図44(a)，負論理NANDの出力に論理否定回路を接続する場合は図44(b)のようにするのが適当です．

〈黒田 徹〉

## ■ 電源回路に使う部品

● ルール42　電源回路ではコンデンサの置き順に気をつける

電源回路の入力端子-グラウンド端子間と出力端子-グラウンド端子間に使うコンデンサは，$0.1\,\mu F$以下のデカップリング・コンデンサとそれ以上の容量のバルク・コンデンサが使われています．デカップリング・コンデンサは主としてスイッチングの過渡期間に現れるスパイク波形などの高周波ノイズ対策用で，バルク・コンデンサは低周波ノイズ対策/直流エネルギ蓄積用です．コンデンサの回路図上の位置にこだわらなくても，個数さえ間違えなければ正しい部品表はできますが，パターン設計を考えればコンデンサの置き順を考慮する必要があります．

図45にコンデンサの置き順に考慮した降圧型コンバータの回路を示します．スイッチング電流が流れる入力側のデカップリング・コンデンサは，スイッチング素子($Tr_1$)の直近に付けて，スイッチング電流ループが小さくなるようにします．

降圧型コンバータのリプル電流はスイッチング電流が直接流れる入力側が大きくて出力側が小さいため，

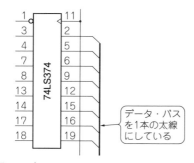

図42　データ・バスは正直に各々を描くと見にくくなるので，途中でまとめて1本の太線にする

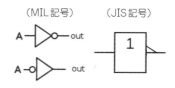

図43　ロジックが反転の場合の回路図記号

(a) 正論理NANDの出力に　　(b) 負論理NANDの出力に
　　NOT回路を接続する場合　　　　NOT回路を接続する場合

図44　論理否定回路の例

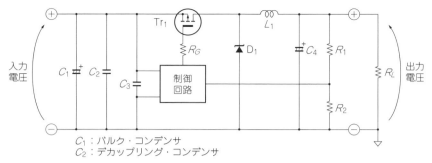

図45 降圧型コンバータとコンデンサの置き順

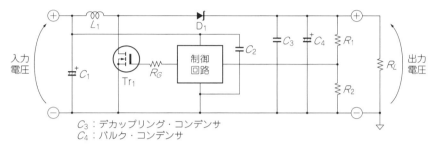

図46 昇圧型コンバータとコンデンサの置き順

入力側のデカップリング・コンデンサは必須ですが，出力側には入れなくてもかまいません．出力端には入れず負荷側ICのデカップリング・コンデンサで共用すると部品が節約できます．

図46にコンデンサの置き順に考慮した昇圧型コンバータの回路を示します．スイッチング電流が流れる出力側のデカップリング・コンデンサは，スイッチング素子（$D_1$）の直近に付けて，スイッチング電流ループが小さくなるようにします．

昇圧型コンバータのリプル電流はスイッチング電流が直接流れる出力側が大きくて入力側が小さいため，出力側のデカップリング・コンデンサは必須ですが，入力端のデカップリング・コンデンサは入れなくてもかまいません． 〈馬場 清太郎〉

● ルール43 ヒートシンクに取り付けることを示す記号を描く

電源回路ではヒートシンクがよく使われます．図記号は図47のようにヒートシンクに取り付ける半導体（図では$Tr_1$）を点線などで囲み，段付きの矢印記号で表します．ヒートシンクは電気部品ではないためネジやナット類などと同じように回路図に記入しなくてもかまいませんが，図47のように描くと現物を見たときにわかりやすいです．部品番号（例えば「$HS_1$」）に続けて，市販品の場合はヒートシンクの型名を表記し，特注品の場合は仕様書番号を表記します．

〈馬場 清太郎〉

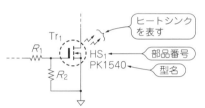

図47 ヒートシンクに取り付ける半導体であることがわかりやすいように表記する

● ルール44 商用電源に入れる避雷器の表記

AC 100 V ～ 240 Vの商用電源を使用する場合には，雷サージ対策としてAC入力端子間にバリスタ，AC入力と接地端子間にアレスタ（避雷器）を入れます．アレスタは図48のようにJISC0617（IEC60617）で規定された専用の回路記号を使います．ガス入りアレスタの場合は，円内右下にガスを表すドット「●」を入れます．高価なアレスタの代わりに基板上にパターンで放電ギャップを設ける場合があります．そのときの記号は規格で規定された図48(a)を使ってもかまいませんが，放電電極のパターンの模式図である図48(b)としてもかまいません．部品表には載らず部品番号が付与されることはないため，わかりやすいと思ったほうを

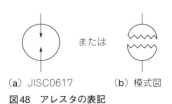

図48 アレスタの表記

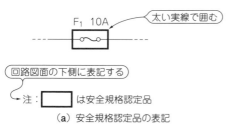

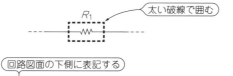

図50 安全規格認定品や安全上重要な部品の描き方

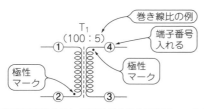

図49 電源回路のトランスには巻き始めに極性マークをつける

採用します．

　余談ですが，雷サージの国際規格IEC61000-4-5ではサージ耐量限度値は対地間4 kVとなっていて，コモン・モード・チョーク・コイルを使用したライン・フィルタとAC入力端子間にバリスタを入れる程度で，アレスタを使わなくても規格はクリアします．ところが，地球温暖化の影響ではないかと言われていますが，最近は落雷事故が増加しているようで，対地間6 kV以上のサージ耐量は必須の状況になってきています．落雷多発地域では対地間10 kV以上のサージ耐量は必要とも言われています．そのためアレスタを使っていない電子機器は少なくなってきています．アレスタを使っていない電子機器を使用する場合には，雷サージ対策をうたったいわゆる「OAタップ」の使用を推奨します．
〈馬場 清太郎〉

● ルール45　電源回路のトランスには極性マークをつける

　電源回路で使う部品にトランスがあります．動作を理解する上で欠かせないトランスの重要な仕様として，1次/2次間の極性と巻き線比があります．図49のように回路図中に巻き線比（事情により電圧比あるいはインピーダンス比）を入れると，回路動作が理解しやすくなります．各巻き線の巻き始めを表す極性マークは，回路動作を理解するのに必要なため必ず入れるようにします．
〈馬場 清太郎〉

● ルール46　安全規格認定部品は太実線などで囲む

　電源回路には安全規格認定部品の使用が義務づけられている場合があります．万が一間違えて非認定部品を使用し問題が起きた場合には，メーカにとって信用の失墜，市場からの製品の全数回収など大きな損失になります．

　メーカの管理体制の問題ですが，人間が管理している以上は間違いが起こらないとは言い切れません．製造工程のさまざまな場面でチェックできるように，回路図においても安全規格認定部品は太実線などで囲み，すべての作業者に認定部品の使用が義務づけられていることがわかるようにします．

　表記の仕方は図50(a)に示すように，他で使ってい

## ルールに則った美しい回路のメリット　Column

　エジソンが世界一の発明王になれたのには，いくつかの理由があります．一つは部下に恵まれたことです．エジソンは頭に浮かぶアイデアを図面にするのが苦手だったので，チャールズ・バチェラーという有能な製図工を雇い，特許出願などの図面を全部バチェラーに任せました．

　エジソンの偉大な発明である蓄音器の図面も，彼は走り書きのスケッチを描いただけですが，バチェラーが丹念に描き直したので，すぐに特許がおりました．このように図面，とりわけ回路図は重要です．

　それは万国共通の言語みたいなものです．たとえ外国人であれ，熟達したエンジニアならば，回路図を一瞥しただけで回路図を理解できます．しかし，そのためには回路図が一定のルールに則って描かれていなければなりません．自分勝手な回路図は，いたずらに混乱を引き起こし，大きな損害をもたらします．

　ルールに則った回路図は美しく感じられます．電子回路のエンジニアは，美しいと感じたならば回路に興味を持ちます．そして初めて見る回路でも，やる気が湧くものです．回路の設計や製作はたいてい共同作業ですから，いやいや仕事をされるより，気持ちよくバリバリ仕事に取り組んでもらう方がいいのは明らかです．
〈黒田 徹〉

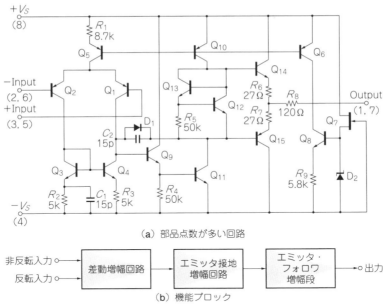

**図51**[(1)(11)] **機能ブロック図を併記すれば複雑な回路もわかりやすくなる**
OPアンプRC4558(テキサス・インスツルメンツ)の内部回路の例

ない線種(太実線で方形の□が使用されている場合には太点線など)で，注意喚起のため必ず他の線よりも太い線を使います．回路図には図50(a)に示すように，安全規格認定部品の注記を入れます．「美しい回路図」とは無関係ですが，美しさよりも重要な火災/感電事故など人命にかかわることです．

安全規格認定部品ではないが安全上重要な部品についても，安全規格認定部品と同じようにします．安全規格認定部品と区別するため，例えば太点線などで囲み，「重要安全部品」と注記して，作業者に注意を促すのは重要なことです． 〈馬場 清太郎〉

## 3. 補足解説のルール
### 理解を促す一工夫

● ルール47　部品点数が多く複雑な回路は機能ブロックを併記する

図51(a)はOPアンプRC4558の内部等価回路ですが，部品数が多いので動作がわかりにくいです．図51(b)のように機能ブロックに分割すると，理解しやすくなります．

図51(a)の$Q_1 \sim Q_5$は差動増幅，$Q_9 \sim Q_{13}$はエミッタ接地増幅，$Q_{14}$と$Q_{15}$が(相補)エミッタ・フォロワです．

● ルール48　機能ごとに枠で囲んでメリハリをつける

図52はウィーン・ブリッジ型発振回路です．回路を二つのパートに分割し，それに網をかけて，機能を明確にしています．つまり，この発振回路はゲイン3倍の増幅器と，帰還回路のバンド・パス・フィルタで構成されています．

組織も回路図も分割したほうが見通しがよくなりそうです．

● ルール49　ビギナ向けには実体配線図もあり

回路は通常プリント基板に実装しますが，プリント基板の製作は，とりわけビギナには難しいものです．低周波回路の試作品ならば，部品同士をワイヤでつないでも問題を生じることはほとんどありません．その場合は，図53に示すような実体配線図を示すのが親切です．

● ルール50　数式を添える

図54はダーリントン接続回路です．ダーリントン接続の電流増幅率$h_{FE}$を計算する式をこの回路に含めました．

一般に式は本文中に記述しますが，回路図の中に式を書くと記号の説明を省略でき，回路の動作と式の意味が明瞭になります．

● ルール51　コメントを添える

図55は個別トランジスタで構成したOPアンプの，負電源の$SVRR$(Supply Voltage Rejection Ratio；電源電圧変動除去比)を測定する方法を吹き出しで説明

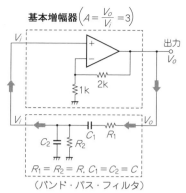

図52[10] 機能ごとに枠で囲むと、回路の構成が一目でわかる
ウィーン・ブリッジ型発振回路の例

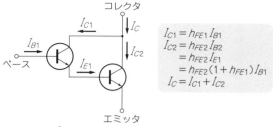

図54[2] 回路図に数式を添えると回路動作と式の意味が明瞭になる
ダーリントン接続の例

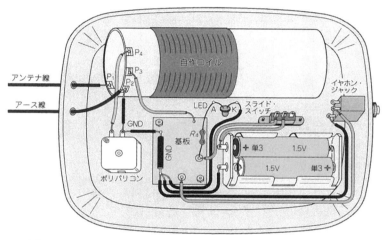

図53[11] 実体配線図で示せばビギナも製作しやすい
一石ポータブル・ラジオの実体配線図の例

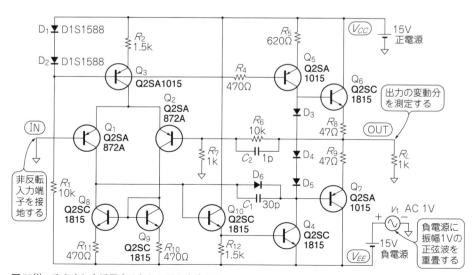

図55[1] 吹き出しを活用するとわかりやすくなる
10石OPアンプのSVRRを算出するための測定回路の例

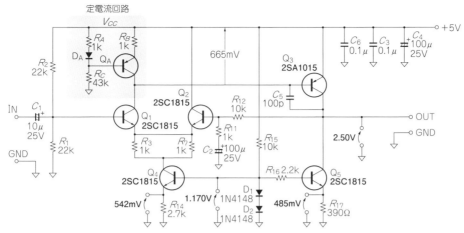

**図56(2) 強調したい部分は目立たせる**
定電流回路であることを強調している例

しています．$SVRR$ とは電源電圧が1V変化したとき出力端子に現れる出力オフセット電圧の入力換算値です．

● ルール52　回路動作のポイントを明確にする

図56はディスクリート部品で構成した5石OPアンプです．初段 $Q_1$ のコレクタに接続する定電流回路に網をかけ，これが定電流回路であることを強調しています．

● ルール53　電圧・電流を記すと動作チェックに便利

前出の図56では，＋5Vの電源電圧を与えた時の各部の電圧（実測）を記入しています．

電流の測定は，回路の一部をカットしてそこに電流計を挿入する必要があるのでやっかいです．大抵の場合，電圧を測定するだけで回路が正常に動作しているか否かを判断できます．

回路図に正常動作時の電圧値を記入しておくと，動作を確認するときに便利です．　　　　　〈黒田　徹〉

◆参考・引用＊文献◆
(1)＊ 黒田徹；解析OPアンプ＆トランジスタ活用，2002年，CQ出版社．
(2)＊ 黒田徹；実験で学ぶトランジスタ・アンプの設計，2008年，CQ出版社．
(3)　吉澤浩和；CMOS OPアンプ回路実務設計の基礎，2007年，CQ出版社．
(4)＊ TL071/072/074データシート，日本テキサス・インスツルメンツ㈱．
(5)　TL431データシート，日本テキサス・インスツルメンツ㈱．
(6)　CS8414データシート，シーラス・ロジック㈱．
(7)　74HCT9046Aデータシート，NXPセミコンダクターズ．
(8)　OPA2350データシート，日本テキサス・インスツルメンツ㈱．
(9)＊ 荒木 邦彌；特集 定番デバイス555，トランジスタ技術2011年1月号，CQ出版社．
(10)　黒田 徹；アナログ回路の基本10ポイント，トランジスタ技術1999年5月号，CQ出版社．
(11)＊ トランジスタ技術編集部編；実験と工作で学ぶ初めてのエレクトロニクス，p.133，CQ出版社．
(12)　RC4558データシート，フェアチャイルドセミコンダクタージャパン㈱．

## 回路図記号一覧 ①

| 名　称 | | トランジスタ技術の図記号 | | | | |
|---|---|---|---|---|---|---|
| ● 抵抗器 | | | | | | |
| 固定抵抗器 | | | タップ付き | 無誘導 | | |
| 可変抵抗器 | | 2端子 | 3端子 | 連動(2連) | スイッチ付き | |
| 半固定抵抗器 | | 2端子 | 3端子 | | | |
| 抵抗アレイ | | | | | | |
| サーミスタ | | 直熱型(1) $t°$ | 直熱型(2) $\theta$ | 傍熱型 | | |
| ● コンデンサ(キャパシタ) | | | | | | |
| 固定コンデンサ<br>(無極性) | | | 外側電極表示 | | | |
| 電解コンデンサ<br>(有極性) | | | (古い図記号) | | | |
| 電解コンデンサ<br>(無極性) | | B.P. | N.P. | (古い図記号)<br>B.P. | (古い図記号)<br>N.P. | |
| バリコン | | 単連 | 2連 | 差動 | 平衡(バタフライ) | |
| | | 可動電極表示 | 2連 | 差動 | 平衡(バタフライ) | |
| 半固定コンデンサ | | | | | | |
| 貫通コンデンサ | | | | | | |
| ● コイル(インダクタ) | | | | | | |
| 空心コイル | | 固定 | タップ付き | 可変(2端子) | 可変(3端子) | |
| コア入りコイル | | 固定 | タップ付き | 可変(2端子) | 可変(3端子) | |
| 鉄心入りコイル | | 固定 | タップ付き | 可変 | ギャップ付き | |
| 可飽和コイル | | | | | | |
| フェライト・ビーズ | | | F.B. | | | |
| ● トランス | | | | | | |
| 低周波トランス | | | シールド付き | 可変インダクタンス | 可変相互インダクタンス | |
| 高周波トランス<br>(空心) | | | シールド・ケース付き | 可変インダクタンス | 可変相互インダクタンス | |
| 高周波トランス<br>(コア入り) | | | シールド・ケース付き | 可変インダクタンス | 可変相互インダクタンス | |

本書の回路図記号は，次の標準規格におおむね準拠しています．▶ IEEE Std 315-1975/1988, ANSI Y32.2-1975/1989 (Graphic Symbols for Electrical and Electronics Diagrams), IEEE Std315A-1986 ▶ JIS C 0301-1990 (電気用図記号) ▶ ANSI/IEEE Std 91-1984 (Graphic Symbols for Logic Functions) ▶ MIL-STD-806B および 806C　　本表は編集部が作成しました．

| JIS C 0617 および IEC 60617 の記号例 | | | | 備考 |
|---|---|---|---|---|
| | タップ付き | 分流器 | | － |
| 2端子 | 3端子 | 連動(2連) | スイッチ付き | 破線は連動を表す |
| 2端子 | 3端子 | | | |
| | | | | |
| 直熱型 | | 傍熱型 | | $t°$ または $\theta$ を付ける．JIS C 0617 では $\theta$ を付ける |
| | | | | 円弧側の電極は外側または低圧側を表す．JIS C 0617 に外側や低圧側表示はない |
| | | | | JIS C 0617 は斜線なし |
| | | | | bi-polar, non-polar JIS C 0617 は斜線なし |
| 単連 | 2連 | 差動 | 平衡 | JIS C 0617 に可動電極表示はない |
| | | | | 円弧側の電極は可動電極(ロータ)を表す |
| | | | | トリマ・コンデンサ．円弧側の電極は可動電極(ロータ)を表す |
| | | | | － |
| 固定 | タップ付き | 可変(2端子) | 可変(3端子) | 必要に応じて山の数を増減する |
| 固定 | タップ付き | 可変(2端子) | ギャップ付き | 高周波コイル．ダスト・コアやフェライト・コアをもつもの．JIS C 0617 はコア材質を区別しない |
| | | | | 低周波用チョーク・コイル など |
| | | | | おもに低周波用 |
| | | | | |
| | シールド付き | 可変インダクタンス | | ・印は巻き線の極性を表す |
| | シールド・ケース付き | 可変インダクタンス | | ・印は巻き線の極性を表す |
| | シールド・ケース付き | 可変インダクタンス | | ・印は巻き線の極性や巻き始めを表す必要があるときに付ける．JIS C 0617 はコアを実線で表す |

回路図記号一覧

## 回路図記号一覧 ②

### ● 配線

| 名称 | トランジスタ技術の図記号 | | | |
|---|---|---|---|---|
| 配線 | 交差 | 接続 | 無接続(1) | 無接続(2) N.C. |
| 信号線 | ——— | | | |
| ケーブル | | フレキシブル | | |
| シールド線や同軸ケーブル | | | | |
| 端子 | | 同軸端子 | イヤホン・ジャック | イヤホン・ジャック（スイッチ付き） |
| バス | $A_7 \sim A_0$ | 8 | | |

### ● グラウンド（アース）

| | トランジスタ技術 | (JIS C 0301) | (ANSI-IEEE) | (古い図記号) |
|---|---|---|---|---|
| 信号グラウンド | | | | |
| コモン・グラウンド | | | | |
| 大地アース | | | | |
| シャーシ・グラウンド | | | | |
| 保安グラウンド | | | | |
| ディジタル・グラウンド | D.G. | | | |
| アナログ・グラウンド | A.G. | | | |
| パワー・グラウンド | P.G. | | | |

### ● スイッチ

| | | | | |
|---|---|---|---|---|
| トグル・スイッチ | 単極単投(SPST) | 単極双投(SPDT) | 双極単投(DPST) | 双極双投(DPDT) |
| スライド・スイッチ | 3P | 6P | | |
| プッシュ・スイッチ | ノーマリ・オープン(N.O.) | | ノーマリ・クローズ(N.C.) | |
| プル・スイッチ | ノーマリ・オープン(N.O.) | | ノーマリ・クローズ(N.C.) | |
| ロータリ・スイッチ | 4極 | 連動 | | |
| アナログ・スイッチ | 信号／制御／信号 | | | |

### ● リレー

| | | | | |
|---|---|---|---|---|
| リレー | 単極単投(SPST) | 単極双投(SPDT) | 単極単投(SPST) | 単極双投(SPDT) |

### ● メータ

| | | | | |
|---|---|---|---|---|
| 電圧計 | 直流 | 交流 | 高周波 | |
| 電流計 | 直流 | 交流 | 高周波 | |
| インジケータ | VU計 | | | |

| JIS C 0617およびIEC 60617の記号例 | | | | 備 考 |
|---|---|---|---|---|
| 交差 | 接続 | 無接続の導体または<br>ケーブル端(1) | 無接続の導体または<br>ケーブル端(2) | JIS C 0617の(2)は特別な絶縁処理<br>をしたもの |
| | | | | - |
| | フレキシブル | | | - |
| | | | | - |
| | 同軸端子 | 同軸プラグ | イヤホン・ジャック<br>(スイッチ付き) | ターミナル |
| A⟨7:0⟩ | /8 | | | アドレス・バス,データ・バス<br>など/8は8線のバスを表す |
| JIS C 0617 | IEC 60617 | | | - |
| | | | | JIS C 0617は正三角形 |
| | | | | JIS C 0617は正三角形 |
| | | | | - |
| | | | | フレーム・グラウンド(frame ground) |
| | | | | 保護(protective ground) |
| | | | | - |
| | | | | - |
| 手動操作(一般) | 単極双投(SPDT) | 双極単投(DPST) | 双極双投(DPDT) | SPST:single pole single throw<br>SPDT:single pole double throws<br>DPST:double poles single throw<br>DPDT:double poles double throws |
| 3P | | | | 3P:three poles(3極)<br>6P:six poles(6極) |
| 自動復帰<br>メーク接点(N.O.) | | 自動復帰<br>ブレーク接点(N.C.) | | - |
| 自動復帰<br>メーク接点(N.O.) | | 自動復帰<br>ブレーク接点(N.C.) | | - |
| 4極 | 多極 | | 連動 | - |
| | | | | - |
| 単極単投(SPST) | 単極双投(SPDT) | ラッチング | 有極 | - |
| Ⓥ | | | | JIS C 0617では,直流,交流,高周波を表す<br>記号を使わない |
| Ⓐ | | | | JIS C 0617では,直流,交流,高周波を表す<br>記号を使わない |
| Ⓥᵤ | ⊛ | | | *印を測定量の単位や量を表す文字記号で置<br>換する |

## 回路図記号一覧 ③

| 名 称 | トランジスタ技術の図記号 | | | |
|---|---|---|---|---|
| **● 電源** | | | | |
| 電池 | 単セル | 複セル | | |
| 定電圧源 | 直流 | 交流 | | |
| 定電流源 | 直流(1) | 直流(2) | | |
| 信号源 | パルス | ステップ | 方形波 | 正弦波 |
| **● マイク, スピーカ, イヤホンなど** | | | | |
| マイク | ダイナミック | コンデンサ | クリスタル | 汎用 |
| スピーカ | ダイナミック | マグネチック | クリスタル | 汎用 |
| イヤホン | マグネチック | クリスタル | ヘッドホン | |
| サウンダ | 圧電(ピエゾ) | マグネチック | | |
| **● フィルタ** | | | | |
| フィルタ | ローパス | ハイパス | バンドパス | バンド・エリミネート |
| | ローパス | ハイパス | バンドパス | MCF |
| **● 機能ブロック** | | | | |
| 演算器 | 加算器 | 乗算器 | | |
| 機能ブロック | 増幅器 | 特定機能 | | |
| **● その他の受動素子など** | | | | |
| 電球 | 白熱 | ネオン | | |
| 発振子 | 水晶発振子 | セラミック発振子 | | |
| アンテナ | | | | |
| CdS光導電セル | | | | |
| 太陽電池 | | | | |
| 熱電対 | 温度測定(1) | 温度測定(2) | 電流測定(直熱型) | 電流測定(傍熱型) |
| ヒューズ | | | | |
| ACプラグ/コンセント | プラグ | コンセント(リセプタクル) | | |
| モータ | 直流 | 交流 | ステッピング | 汎用 |
| 発電器 | 直流 | 交流 | 汎用 | |
| ディレイ・ライン | 20ns | | | |

| | JIS C 0617およびIEC 60617の記号例 | | | | 備考 |
|---|---|---|---|---|---|
| | | | | | JIS C 0617では単セルと複セルの区別はない |
| 理想電圧源 | | | | | - |
| 理想電流源 | | | | | - |
| パルス | ステップ | 正弦波 | 高周波 | | |
| 一般 | コンデンサ | プッシュプル | エレクトレット・コンデンサ | | - |
| 一般 | スピーカマイク | | | | ダイナミック・スピーカは可動コイル型, マグネチックは可動磁石型である |
| 一般 | ヘッドホン | | | | JIS C 0617では動作原理による区別はない |
| | | | | | JIS C 0617では動作原理による区別はない |
| ローパス | ハイパス | バンドパス | バンド・エリミネート | | - |
| | | | | | MCF：モノリシック・クリスタル・フィルタ |
| 加算増幅 | | 乗算器 | | | - |
| 増幅器 | 変換器（*からXに変換するとき） | 周波数変換 | | | 四角形は正方形または長方形 |
| 白熱 | ネオン | | | | - |
| 圧電結晶 | 3端子 | | | | 水晶もセラミックも同じ記号である |
| 一般 | ループ | ダイポール | ホーン | | - |
| | | | | | - |
| | | | | | - |
| 温度測定(1) | 温度測定(2) | 直熱型 | 傍熱型 | | - |
| | | | | | - |
| | | | | | JIS C 0617には該当なし |
| 直流 | 交流 | ステッピング | 汎用 | | - |
| 直流 | 交流 | 汎用 | | | - |
| | 20ns | | | | 2本の縦線は入力側を表す |

回路図の描き方コモンセンス

## 回路図記号一覧 ④

| 名　称 | トランジスタ技術の図記号 | | | | |
|---|---|---|---|---|---|
| ● トランジスタ | | | | | |
| バイポーラ・ジャンクション・トランジスタ（BJT） | PNP | NPN | 複合 | バイアス抵抗内蔵 | |
| | PNP（IC内） | NPN（IC内） | スーパーβ | ショットキー・クランプ | |
| ジャンクションFET（JFET） | Pチャネル | Nチャネル | Pチャネル・デュアル・ゲート | Nチャネル・デュアル・ゲート | |
| | Pチャネル | Nチャネル | Pチャネル | Nチャネル | |
| MOSFET（IGFET） | Pチャネル・ディプリーション・モード | Nチャネル・ディプリーション・モード | Pチャネル・エンハンスメント・モード | Nチャネル・エンハンスメント・モード | |
| | Pチャネル・デュアル・ゲート・ディプリーション・モード | Nチャネル・デュアル・ゲート・ディプリーション・モード | Pチャネル・デュアル・ゲート・エンハンスメント・モード | Nチャネル・デュアル・ゲート・エンハンスメント・モード | |
| | 簡略表示 | ※1 | ※2 | | |
| IGBT | | 簡略表示 | | | |
| UJT | P型ベース | N型ベース | | | |
| PUT | | | | | |
| ● ダイオード，サイリスタ | | | | | |
| ダイオード | | | | | |
| LED | | 複合カソード・コモン | 複合アノード・コモン | | |
| ショットキー・バリア・ダイオード | | | | | |
| 可変容量ダイオード | 単素子 | 対向 | | | |
| ツェナー・ダイオード（定電圧ダイオード） | | | | | |
| 定電流ダイオード | | | | | |
| トンネル・ダイオード | エサキ・ダイオード | バックワード | | | |
| PINダイオード | | | | | |
| フォト・ダイオード | | アバランシェ | PIN | | |

| | JIS C 0617およびIEC 60617の記号例 | | | | 備考 |
|---|---|---|---|---|---|
| | PNP | NPN | 複合 | バイアス抵抗内蔵 | 丸印はパッケージを表す. 個別トランジスタの参照名はTrn |
| | | | | | IC内部のトランジスタの参照名はQn |
| | Pチャネル | Nチャネル | Pチャネル・デュアル・ゲート | Nチャネル・デュアル・ゲート | ゲートの引き出し位置は中央 (ANSI-IEEE) |
| | | | | | ゲートの引き出し位置はソース側 (JIS, IEC) |
| | Pチャネル・ディプリーション・モード | Nチャネル・ディプリーション・モード | Pチャネル・エンハンスメント・モード | Nチャネル・エンハンスメント・モード | |
| | Pチャネル・デュアル・ゲート・ディプリーション・モード | Nチャネル・デュアル・ゲート・ディプリーション・モード | Pチャネル・デュアル・ゲート・エンハンスメント・モード | Nチャネル・デュアル・ゲート・エンハンスメント・モード | ソース側が$G_1$(第1ゲート)電極 |
| | | | | | ※1, ※2はゲート電極の引き出し線をゲート電極の中央から出した例(ANSI-IEEE) |
| | Pチャネル・ディプリーション・モード | Nチャネル・ディプリーション・モード | Pチャネル・エンハンスメント・モード | Nチャネル・エンハンスメント・モード | – |
| | P型ベース | N型ベース | | | ユニ・ジャンクション・トランジスタ矢印が出入りしている側が$B_2$電極である. 等価UJT(EUJT)も同じ記号である |
| | | | | | プログラマブル・ユニ・ジャンクション・トランジスタ. サイリスタと同じ記号である |
| | A—▷\|—K | A—▷\|—K | | | 丸印はパッケージを表す. 慣用的には丸印を省略することが多い |
| | | 複合カソード・コモン | 複合アノード・コモン | | IS C 0617では, 照射対象がある場合は二つの平行する矢印を対象へ向ける |
| | A—▷\|—K | | | | カソードがS字形 |
| | A—▷\|—K | | | | バリキャップ(商品名), バラクタ |
| | A—▷\|—K | | | | カソードがZ字形;JIS C 0617ではカソードが逆L字形 |
| | | | | | JIS C 0617には該当なし |
| | エサキ・ダイオード | バックワード | | | バックワード(単トンネル) |
| | A—▷\|—K | | | | – |
| | | アバランシェ | PIN | | – |

第4章 回路図の描き方コモンセンス

## 回路図記号一覧 ⑤

| 名称 | トランジスタ技術の図記号 | | | | |
|---|---|---|---|---|---|
| **● ダイオード，サイリスタ** | | | | | |
| ガン・ダイオード | A—▶|—K | | | | |
| ステップ・リカバリ | A—▶—K | | | | |
| PNPNスイッチ | —▶|— | | | | |
| SBS | A₁—▶|—A₂ / G₁ | | | | |
| レーザ・ダイオード | —▶|— | | | | |
| サイリスタ | Pゲート逆阻止 | Nゲート逆阻止 | Pゲート逆導通 | Nゲート逆導通 | |
| GTO | Pゲート | Nゲート | | | |
| SCS | (A, G₁, G₂, K) | | | | |
| 3端子双方向サイリスタ | (G, T₁, T₂) | | | | |
| 双方向ダイオード | (T₁, T₂) | | | | |
| バリスタ | 金属酸化物 | 対向並列ダイオード | | | |
| ダイオード・ブリッジ | | 簡略表示 | | | |
| シャント・レギュレータ | | | | | |
| **● OPアンプ，コンパレータ** | | | | | |
| OPアンプ，コンパレータ | OPアンプ | ノートン・アンプ | コンパレータ | | |
| **● オプトIC** | | | | | |
| フォト・カプラ | LED/フォト・トランジスタ | LED/フォト・ダイオード | LED/フォト・ボルタック | LED/CdS | |

| | JIS C 0617およびIEC 60617の記号例 | | | | 備考 |
|---|---|---|---|---|---|
| | A—⊳⊢—K | | | | JIS C 0617ではLEDと同じ記号である |
| | | | | | JIS C 0617に該当なし |
| | | | | | – |
| | | | | | silicon bi-lateral switch |
| | | | | | – |
| | Pゲート逆阻止 | Nゲート逆阻止 | Pゲート逆導通 | Nゲート逆導通 | SCR(商品名): silicon controlled rectifier |
| | Pゲート | Nゲート | | | 3端子ターン・オフ・サイリスタ; gate turn-off thyristor |
| | | | | | 4端子逆阻止サイリスタ; silicon controlled switch |
| | | | | | トライアック(商品名): TRIAC ゲート側が $T_1$ 電極である |
| | | | | | ダイアック(商品名): DIAC |
| | | | | | ZNR(商品名) |
| | | | | | – |
| | | | | | JIS C 0617に該当なし |
| | OPアンプ | オフセット調整付き | コンパレータ | オープン・コレクタ出力 | OPアンプとコンパレータは同じ記号である. JIS C 0617では電圧を表す文字はUまたはV |
| | LED/フォト・トランジスタ | LED/フォト・ダイオード | LED/フォト・ボルタック | LED/CdS | – |

## 回路図記号一覧 ⑥

| 名　称 | トランジスタ技術の図記号 | | | | |
|---|---|---|---|---|---|
| ●ロジック・ゲート | | | | | |
| | 基本 | ド・モルガン等価 | シュミット・トリガ | オープン・コレクタ | |
| AND | | | | | |
| OR | | | | | |
| エクスクルーシブOR | | | | | |
| NAND | | | | | |
| NOR | | | | | |
| インバータ | | | | | |
| バッファ | | | | | |
| AOIゲート（AND-OR-インバータ） | | | | | |
| ワイヤードOR | | | | | |

| JIS C 0617およびIEC 60617の記号例 | | | | 備考 |
|---|---|---|---|---|
| 電気的ロジック | 論理的ロジック | シュミット・トリガ | オープン・コレクタ | |
| &（記号） | &（記号） | &（記号） | &（記号） | — |
| ≧1 | ≧1 | ≧1 | ≧1 | — |
| =1 | =1 | =1 | =1 | — |
| & | & | & | & | 電気的ロジックでは二つの入力がともにHレベルのとき，出力はLレベルになる．論理的ロジックでは二つの入力がともに1のとき出力は0になる |
| ≧1 | ≧1 | ≧1 | ≧1 | 電気的ロジックでは二つの入力のいずれかがHレベルのとき，出力はLレベルになる．論理的ロジックでは二つの入力がいずれか1のとき出力は0になる |
| インバータ 1 | ネゲータ 1 | インバータ 1 | インバータ 1 | 電気的ロジックでは入力がHレベルのとき，出力がLレベルになる．論理的ロジックでは入力が1のとき出力は0になる |
| 1 | 1 | 1 | 1 | |
| 2,3,4,5 & ≧1 6 | 2,3,4,5 & ≧1 6 | | | — |
| ≧1 | | | | — |

〈黒田 徹〉

（初出：「トランジスタ技術」2011年4月号　別冊付録）

# 第5章 ディジタル時代のモヤモヤを大整理！
## オーディオ便利帳

河合 一 Hajime Kawai

## 1. 音の性質と定量化
### 音の3要素から室内音響まで

### ■ 音波の定義

ギターを弾いているところを観察すると，弦が振動しているようすを見ることができます．これは周期的な往復運動，すなわち「振動」です．この振動が空気という媒体を介して伝わります．この伝播する空気の振動を「音波」と定義しています．

### ● 伝播速度

音波の伝播速度は温度により異なりますが，空気中では340 m/sが標準伝播速度です．正確には，伝播速度$S$は温度が$T$[℃]とすると次の通りです．

$$S\,[\mathrm{m/s}] = 331.5 + 0.6T$$

音は振動なので空気以外も媒介とします．主な材質（媒体）における標準的な音波の伝播速度を**表1**に示します．ゴム系材質は伝播速度が遅いので，防振材料として用いられています．

### ● 音の3要素

音の基本3要素を**表2**に示します．

音程は音楽用語ではピッチと呼ばれます．実際の楽器の音は，一番周波数が低い基本波（基音）と，基本波の整数倍（倍音）で構成されます．一般的な楽器では，ほとんどが倍音成分です．基本波の周期$t$[s]で音の高さ周波数$f$[Hz]が決定され，基本波と倍音の組み合わせで音色がほぼ決定されます．

音楽における12平均律（ドレミファソラシド，CDEFGABC）と基本周波数の関係は，**表3**に示すように厳密に規定されています．

同じ音名，例えば同じ「ド(C)」でも，低いドと高いドがあります．この違いはオクターブ(Octave)で表現し，1オクターブは周波数比で2倍です．音程はA = 440 Hzから定義されています．

### ● 音圧レベル

音波の大きさは音圧レベルで規定されます．音波を気圧の変化する波としての物理量で表現するもので，基準の音圧レベル（聴感可能な1 kHzの最小レベル）を規定し，実際の測定音圧との比をdBで表現するものです．本来dBは相対値なのに対し，音圧は基準の決

**表1 音（振動）の伝わる速度**

| 媒体 | 標準伝播速度 [m/s] |
|---|---|
| 空気 | 340 |
| 水中 | 1500 |
| 木材 | 4500 |
| 金属（鉄） | 5950 |
| ゴム | 35～70 |

**表2 音の3要素**

| 要素 | 物理特性 |
|---|---|
| 大きさ | 音圧 |
| 高さ | 周波数 |
| 音色 | 波形 |

**表3[(1)] 音程と周波数**

| 音階 | オクターブ1 | オクターブ2 | オクターブ3 | オクターブ4 | オクターブ5 | オクターブ6 | オクターブ7 |
|---|---|---|---|---|---|---|---|
| C  | 65.4064  | 130.8128 | 261.6256 | 523.2511 | 1046.5023 | 2093.0045 | 4186.0090 |
| C# | 69.2957  | 138.5913 | 277.1826 | 554.3653 | 1108.7305 | 2217.4610 | 4434.9221 |
| D  | 73.4162  | 146.8324 | 293.6648 | 587.3295 | 1174.6591 | 2349.3181 | 4698.6363 |
| D# | 77.7817  | 155.5635 | 311.1270 | 622.2540 | 1244.5079 | 2489.0159 | 4978.0317 |
| E  | 82.4069  | 164.8138 | 329.6276 | 659.2551 | 1318.5102 | 2637.0205 | 5274.0409 |
| F  | 87.3071  | 174.6141 | 349.2282 | 698.4565 | 1396.9129 | 2793.8259 | 5587.6517 |
| F# | 92.4986  | 184.9972 | 369.9944 | 739.9888 | 1479.9777 | 2959.9554 | 5919.9108 |
| G  | 97.9989  | 195.9977 | 391.9954 | 783.9909 | 1567.9917 | 3135.9635 | 6271.9270 |
| G# | 103.8262 | 207.6523 | 415.3047 | 830.6094 | 1661.2188 | 3322.4376 | 6644.8752 |
| A  | 110.0000 | 220.0000 | 440.0000 | 880.0000 | 1760.0000 | 3520.0000 | 7040.0000 |
| A# | 116.5409 | 233.0819 | 466.1638 | 932.3275 | 1864.6550 | 3729.3101 | 7458.6202 |
| B  | 123.4708 | 246.9417 | 493.8833 | 987.7666 | 1975.5332 | 3951.0664 | 7902.1328 |

表4 音圧レベルの具体例

| 音圧レベル [dB] | 具体例 |
| --- | --- |
| 140 | ジェット・エンジン |
| 120 | ロック音楽演奏会場最前列 |
| 100 | オーケストラ会場 |
| 80 | 雑踏，繁華街 |
| 60 | 一般的な会話 |
| 40 | 夜間の郊外 |
| 20 | 1m先から聞こえてくるつぶやき |

まっている単位です．そのことを示すために，音圧の単位はdB SPL(Sound Pressure Level)と表記することもあります．

基準音圧　$0\,\mathrm{dB} = 2 \times 10^{-4}\,\mu\mathrm{bar}$
bar：バール，気圧の単位

音圧レベルの具体的な例を表4に示します．人間の聴感での音圧レベル範囲は110〜120 dB程度までです．また，音楽コンサートでの音圧レベル範囲は最大で90〜100 dB程度です．したがって，オーディオ機器が扱う必要がある最小信号から最大信号までの範囲（ダイナミック・レンジ）も，90〜120 dBを目安に考えます．

## ■ 聴感特性

### ● 可聴周波数

人が音として感じることができる周波数範囲は一般的に20 Hz〜20 kHzとされています．これは可聴範囲とも表現されますが，オーディオにおいては扱う電気信号の周波数帯域をこの可聴帯域としており，「オーディオ帯域」として標準的に扱われています．

### ● ラウドネス曲線

人の感じる音の大きさは，低音と高音では鈍感になる傾向があります．個人差のある特性ですが，多くの人による測定データを元に学術的に規定したものが，ラウドネス曲線(図1)です．ISO(International Organization for Standardization，国際標準化機構)のISO226-2003が最新です．

全体的に，200 Hz以下の低域周波数に対する感度が著しく低下することと，特性曲線が音圧レベルにより異なることを示しています．

音圧レベルの小さい時に鈍感になる傾向が強いので，小音量での聴取向けに，低域と高域を持ち上げた特性にする機能をオーディオ・アンプに持たせることがあります．ラウドネス(Loudness)機能と呼ばれています．

### ● A特性

ラウドネス曲線は，人間の騒音に関する聴感感度ともいえます．騒音の計測時には，この特性を加味します．騒音計の規格，IEC61672およびJIS C1509に，昔のラウドネス特性をベースにしたA特性(図2)が規定されています．Aウェイト(A-Weighted)・フィルタと称されています．

オーディオ機器でも，アンプのノイズなどが耳に聴こえる大きさを考え，A特性を加味してノイズを評価することがあります．

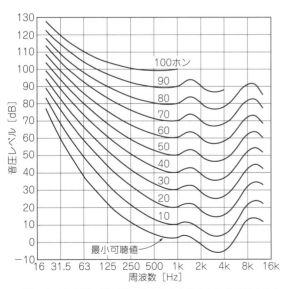

図1[(2)]　音圧と人間の耳に聞こえる音の大きさとの差を示すラウドネス曲線
ラウドネス特性の補正をかけたあとの音量の単位が「ホン」になる

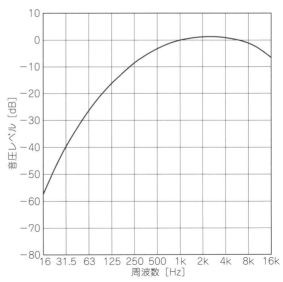

図2　人の耳に聞こえる音の大きさへの補正に使うA特性
騒音値の算出や，オーディオ機器のノイズ特性の評価に使う

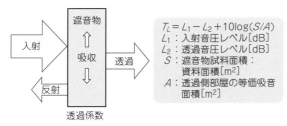

図3 遮音材の特性を示す透過係数

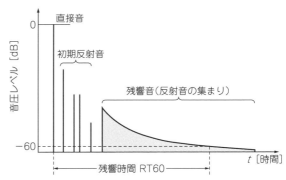

図4(3) 残響時間RT60の定義

## ■ 室内音響

### ● 透過係数(損失)と吸音率

スタジオ，コンサート・ホールなどのオーディオ用途の建築物はもとより，不動産/建築業界でも用いられる音響特性の一つに，透過係数(損失)があります．図3に示すように，遮音物に音が入射すると一部が反射し，遮音物内で一部が吸収されて残りが透過します．この遮音特性を透過係数(または透過損失)$T_L$と定義しています．

例えば，70 dBの音圧レベルが50 dBの透過係数の遮音物に入射すると，70－50＝20 dBの音圧レベルが透過することになります．

遮音物が特に音を吸収する効果を有する物を吸音材と呼び，その吸音率$V_A$は次式で求められます．

$$V_A = 1 - (反射エネルギ／入射エネルギ)$$

### ● 残響時間

室内においては，発音体から出た音は聴音位置に直接到達する「直接音」と，時間遅れをもって壁に反射して到達する「反射音」とが総合されることになります．この反射音も複雑に反射して到達するので，これらが総合され「残響音」となります．そして，この残響音が直接音レベルに対して60 dB低下するまでの時間が残響時間で定義され，図4に示すように「RT60」として規定されています．

残響時間$T_r$を推定する代表的な方法に，アイリングの残響時間計算式があります．

$$T_r = \frac{0.161 \cdot K}{-S \cdot \ln(1-Z)}$$

$K$：部屋容量 [m³]
$S$：部屋の内表面積 [m²]
$Z$：部屋の平均吸音率

実際の残響時間は，部屋だけでなく，部屋内の場所でも変わります．録音スタジオとコンサート・ホールでは大きく異なりますし，同じホールでも測定ポイントで異なります．設計/施工においては，単純な残響

---

## ラウドネス特性の移り変わり　　　　　　　　　Column 1

ラウドネス特性は，古くはフレッチャー・マンソン特性として知られていたカーブです．音圧から聴感への補正値であるA特性は，フレッチャー・マンソン特性の40ホンでの値をベースに作られています．

フレッチャー・マンソン特性，現在のラウドネス特性，A特性の比較を図Aに示します．

ラウドネス特性としては，ロビンソン・ダッドソン特性も有名です．現行のISO226規格は2003年に改訂されたものですが，それ以前のISO226規格にあったラウドネス特性がロビンソン・ダッドソン特性でした．

フレッチャー・マンソン特性のときは，1 kHzの音圧0 dBと，0ホン(最低可聴値)とが一致していました．ラウドネス曲線が更新されたため，最低可聴値は0 dBと一致しなくなりました．

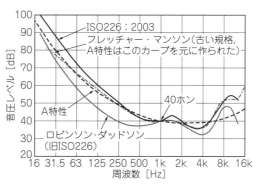

図A(2)　A特性とラウドネス特性の比較

## 2. 伝送路の基本
### 振幅の単位から接続用のコネクタまで

### ■ 振幅

電気信号の振幅単位は実効値を扱うのが標準的です．実効値の定義と代表的な波形での値を**図5**に示します．

絶対値として，業界で慣用的に用いられている単位や，規格として制定されている単位が多くあります．主なものを**表5**に示します．

### ■ 位相

オーディオ信号は直流成分がないので，交流信号の集まりとして考えます．

交流信号は時間$t$と供に変化する信号なので，振幅

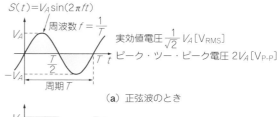
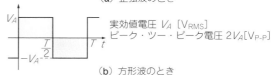

図5　実効値電圧とピーク・ツー・ピーク電圧

を$V_A$($V_{P-P} = 2V_A$)とする交流信号$S(t)$は，

$$S(t) = V_A \sin(2\pi ft + \theta)$$

で表せます．$\theta$は信号位相を意味していて，$\theta = 0$の波形は通常のサイン波です．時間的な進み要素または遅れ要素があると，その量$\theta$が加わります(**図6**)．

### ■ インピーダンス

インピーダンス(単位：$\Omega$)には回路／デバイスの入出力インピーダンス，伝送路の伝送インピーダンス，負荷インピーダンス，素子／デバイスの固有インピーダンスなど，多くの種類があります．

OPアンプの入力インピーダンスの例を**表6**に，コンデンサのインピーダンスの例を**図7**に示します．

**表5　電圧振幅を表す単位**

| シンボル | 定義 | 基準値 |
|---|---|---|
| dBV | $1\,V_{RMS}$基準の電圧．民生用に使われる | $0\,dBV = 1\,V_{RMS}$ |
| dBs | dBVの別表現 | $0\,dBs = 1\,V_{RMS}$ |
| dBm | 接続先の負荷で1mW消費する電圧．とくに指定のない場合，600Ω負荷と考える | 負荷600Ωのとき $0\,dBm = 0.775\,V_{RMS}$ |
| dBv | 600Ω負荷のdBm値を基準にした電圧 | $0\,dBv = 0.775\,V_{RMS}$ |
| dBu | dBvの別表現 | $0\,dBu = 0.775\,V_{RMS}$ |
| VU | dBm基準のレベル表示 | $0\,VU = +4\,dBm$ |
| dBFS | PCM信号のフル・スケールを基準にした値 | $0\,dBFS =$ フル・スケール |

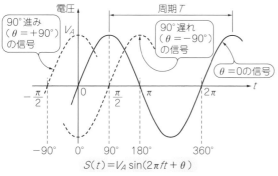

図6　信号の位相

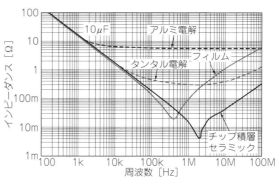

図7 (4)　実際のコンデンサのインピーダンス

表6
OPアンプの入力インピーダンスの例

| PARAMETER | CONDITION | OPA132P, U OPA2132P, U | | | UNITS |
|---|---|---|---|---|---|
| | | MIN | TYP | MAX | |
| INPUT IMPEDANCE Differential Common-Mode | $V_{CM} = -12.5V$ to $+12.5V$ | | $10^{13} \| 2$ $10^{13} \| 6$ | | $\Omega \| pF$ $\Omega \| pF$ |

($10^{13}\,\Omega$と2pF（または6pF）が並列)

通常は抵抗成分に加えてインダクタンス($L$)成分とキャパシタンス($C$)成分の合成値で定義されますが，単純な抵抗で表せる場合でもインピーダンスと称することがあります．

インピーダンスは周波数によって異なる値を持ちますが，仕様では規定周波数(1 kHzや1 MHzなど)での値となります．

## ■ 接続用コネクタ

### ● 2通りの伝送方式

図8に示すように，平衡(バランス)と不平衡(アンバランス)の2通りが使われています．バランス型は差動，アンバランス型はシングル・エンドともそれぞれ呼称されます．

バランス伝送で使う差動信号では，＋側と－側で信号位相が反転しています．外部から入る同相ノイズに対して影響を受けにくくなります．

民生用では，アンバランス伝送が多いのでRCAコネクタのケーブル，業務用ではバランス伝送が多いのでXLRコネクタのケーブルがそれぞれ一般的です．

### ● RCAコネクタ

RCAコネクタの外観を写真1に示します．信号形態はホットとGNDのアンバランス形式です．RCAピン・ジャックはその取り付け形状から，基板取り付け型，パネル取り付け型があります．

ディジタル・オーディオ信号であるS/PDIFの伝送に使うケーブルはインピーダンスが75Ωと規定されていますが，アナログ・オーディオ信号用には規定がありません．CEA(Consumer Electronics Association)により表7のように色分けが規格化されています．

### ● XLRコネクタ

XLRコネクタの外観を写真2に示します．米キャノン社(現在はITT-Cannon社)が開発，提唱したためにキャノン・コネクタとも呼ばれます．ホット，コールド，シールドの3芯構成で，バランス伝送に使われるのが一般的です．ピン配置を図9に示します．他に

表7 RCAコネクタの伝送信号による色分け

| カラー表示 | チャンネル/信号の定義 |
|---|---|
| 黒 | アナログ・モノラルまたはTVのRF |
| 白 | アナログ・Lチャネル |
| 赤 | アナログ・Rチャネル |
| 緑 | アナログ・センタ，または映像G信号 |
| 青 | アナログ・サラウンドLチャネル，または映像B信号 |
| 灰 | アナログ・サラウンドRチャネル |
| 茶 | アナログ・サラウンド・リアLチャネル |
| 肌 | アナログ・サラウンド・リアRチャネル |
| 紫 | アナログ・サブウーファ |
| 橙 | S/PDIF |
| 黄 | コンポジット映像信号 |

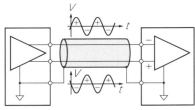

(a) バランス伝送

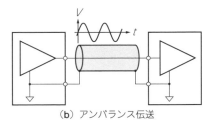

(b) アンバランス伝送

図8 アンバランス伝送とバランス伝送

(a) ジャック

(b) プラグ

写真1 アンバランス伝送に使うRCAコネクタの外観

(a) レセプタクルのオス(ソケット)

(b) レセプタクルのメス(プラグ)

(c) プラグ(ケーブル・コネクタ)のオス・ソケット

(d) プラグ(ケーブル・コネクタ)のメス

写真2 バランス伝送に使う3ピンXLRコネクタの外観

2〜7芯タイプもあります.

ディジタル・オーディオ信号の規格AES/EBUでは伝送インピーダンスが110 Ωと規定されています.

● フォン・プラグ/ジャック

フォン・プラグの外観を写真3に示します.

フォン・プラグ/ジャックは,ジャック径により標準(6.5 mm),ミニ(3.5 mm),マイクロ(2.5 mm)の3種類があります.2極(モノラル)タイプ,3極(ステレオ)タイプがよく使われます.標準プラグの2極はTSフォン,3極はTRSフォンとも呼称されます.

● DINプラグ/コネクタ

ドイツ工業標準規格DINが規格化しているプラグ/コネクタのことで,オーディオ関係では特に丸型プラグ/コネクタのことを指します.ピン数は3ピン〜8ピンであり,標準サイズと小型(ミニ)タイプがあります.標準タイプの外観を写真4に,AV機器でのピン配置(5ピン)の代表例を図10に示します.

● 多チャネル接続に使う丸型コネクタ

業務用オーディオで,多チャネルをまとめて扱いたいときに,写真5に示すKコネクタやMSコネクタが使われています.堅牢な構造と確実な接続(ネジ止め)が特徴です.

## ■ マイクロフォン

マイクロフォンは,振動体構造で大別するとダイナミック型とコンデンサ型があります.指向性の有無やワイヤレス・タイプなど,多くの品種があります.

主な基本特性は次の通りです.

▶マイク感度

1 kHz,1 Pa(94 dB SPL)の音圧を与えたときの無負荷出力信号レベル(dBVまたは電圧値)で定義されます.例えば,20 mV/Paなどです.

▶最大音圧レベル

全高調波ひずみ($THD$)が規定値(例えば$THD = 1\%$)となる入力音圧レベル(dB SPL)です.許容入力レベルとも表現される場合があります.

▶周波数特性

集音可能な周波数範囲です.一般的には1 kHzを基準に−3 dBレベル低下する周波数範囲を示します.例えば20 Hz〜40 kHz/−3 dBなどです.

▶出力インピーダンス

信号源としての内部インピーダンスです.

▶雑音レベル

無信号時の出力雑音レベルです.電圧値,または入

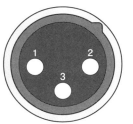
(a) オス(プラグ)

(b) メス(ソケット)

図9 バランス伝送に使うXLRコネクタのピン配置

(a) 2極(TSフォン)

(b) 3極(TRSフォン)

写真3 フォン・プラグの外観と信号配置

(a) ソケット

(b) プラグ

写真4 DINコネクタの外観

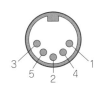

| ピン番号 | 信号 |
|---|---|
| 1 | Lチャネル音声 |
| 2 | GND |
| 3 | 映像 |
| 4 | +5V |
| 5 | Rチャネル音声 |

図10 AV機器に使われる5ピンDINコネクタのピン配置

写真5 多チャネルの伝送に使う丸型多芯コネクタ
NK27-21C-7/8(JAE)[写真提供:トモカ電機]

力音圧に換算したdB SPLで表示されます．例えば23 dB SPLなど．信号レベルとの比で，SN比またはダイナミック・レンジとして表現する場合もあります．

● 録音機器からマイクへの電源供給

マイクロフォンは一部を除き動作に電源が必要です．電池を内蔵させることもありますが，録音機器から供給する場合もあります．代表的な方式を図11に示します．

▶ プラグイン・パワー

小型のマイクでは，信号線に抵抗を介して電源を加える方式が一般的です．

▶ ファンタム電源

バランス伝送のマイクロフォンでは，信号ラインに直流48 Vを加えて動作させる方式が一般的です．

■ スピーカ

スピーカやヘッドフォンも多くの方式と製品が存在します．主要な特性は以下です．

▶ 出力音圧レベル

スピーカに1 Wの信号を加え，1 m離れた距離における音圧レベルで定義されます．単位はdB SPLです．

▶ 定格入力電力

スピーカに印加することのできる最大電力です．

▶ インピーダンス

インピーダンスは図12のように周波数特性を持つので，一般的には，400 Hzの値，または最小値で規定されています．一般的なスピーカでは4Ωから8Ω，ヘッドフォンでは16Ω～40Ωが代表的な値です．

▶ 再生周波数特性

再生可能な周波数特性です．

▶ クロスオーバ周波数

スピーカの特性として，大口径ユニットは低域再生に，小口径ユニットは高域再生に向きます．そこで大小いくつかのユニットを組み合わせ，2 Way，3 Wayにすることがあります．そのとき，ユニットの担当が切り替わる周波数をクロスオーバ周波数といいます．

## 3. ディジタル・オーディオの測定法
SN比，ひずみから周波数特性まで

■ 測定規格

ディジタル・オーディオでの測定規格は，JEITA CP-2402A「CDプレーヤーの測定法」が最も標準的に用いられています．

民生用オーディオ機器での帯域制限用フィルタとしては，JEITA規格およびAES17規格に規定されている20 kHz LPF（図13）と，JEITAでのA-weighted（聴感補正Aカーブ）フィルタ（図14）の両フィルタが，測定用標準フィルタとして用いられます．

A-weightedフィルタは，フレッチャー・マンソン曲線を元にした周波数特性です．旧IHF規格でも制定されていたのでIHF-Aと表示されることもあります．

■ 測定器の例

オーディオ測定の基本構成は，テスト信号発生器と信号アナライザの組み合わせです．代表的なオーディオ・アナライザを表8に示します．信号ソースとアナ

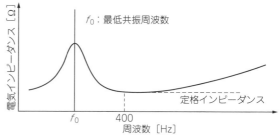

図12 スピーカ・ユニットのインピーダンス周波数特性
公称インピーダンスは400 Hzでの値または最小値

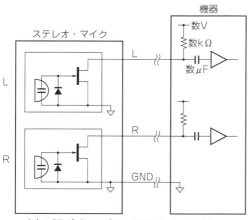

(a) プラグイン・パワーのステレオ・マイク

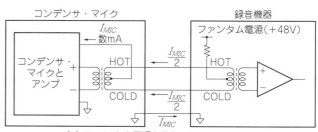

(b) ファンタム電源を使うモノラル・マイク

図11 録音機器からマイクロフォンへの電力供給

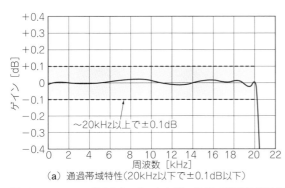

(a) 通過帯域特性（20kHz以下で±0.1dB以下）

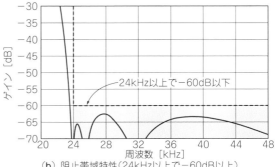

(b) 阻止帯域特性（24kHz以上で−60dB以上）

図13　THD＋N，ダイナミック・レンジ，SN比の測定に使用するAES17 20kHz LPFの周波数特性

表8　主なオーディオ測定器とその基本機能

| 測定器名 | 会社名 | 信号ソース機能 | | 信号解析機能 | | | |
|---|---|---|---|---|---|---|---|
| | | アナログ | ディジタル | アナログ | | ディジタル | |
| | | | | THD＋N | FFT | THD＋N | FFT |
| AP2700ファミリ | Audio Precision | ○ | ○ | ○ | ○ | ○ | ○ |
| U8903A | キーサイト・テクノロジー | ○ | ○ | ○ | ○ | ○ | ○ |
| R&D UVP | ローデ・シュワルツ | ○ | ○ | ○ | ○ | ○ | ○ |
| MAK6630 | 目黒測器 | × | × | ○ | × | × | × |
| AD725D | シバソク | × | × | ○ | × | × | × |

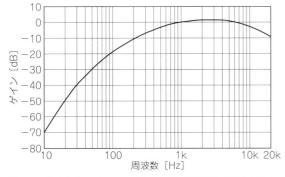

図14　ダイナミック・レンジ，SN比の測定に使用するA-weightedフィルタの周波数特性

ライザを一体化した製品もあります．
　信号ソースにはアナログ信号ソースとディジタル信号ソース（PCM/SPDIF信号）があり，同様に信号アナライザもアナログとディジタルがあります．

■ 主要特性とその測定法

● THD＋N
　ディジタル・オーディオでは，ノイズ特性や周波数特性を比較的簡単に確保できます．最も重要な特性はTHD＋N（Total Harmonic Distortion＋Noise，全高調波ひずみ＋雑音）となるでしょう．測定方法を図15に示します．THD＋Nの定義は次の通りです．

　　THD＋N[%]＝（全高調波ひずみ＋雑音）/基準信号

単位として［%］でなく［dB］を使うこともあり

図15　THD＋N測定時の接続例

ます．
　純粋アナログ信号，D-A変換信号などの信号ソースの違いや測定帯域（フィルタ条件）などの違いにより，相応の測定条件を整えなければなりません．
　THD＋N特性は基準信号レベル（通常はフルスケール・レベル），基準信号周波数（通常1kHz）で規定されるのが標準です．より詳細な特性を示すため，信号レベルや信号周波数を変えてプロットしたグラフを示すこともあります．
▶LPFを通して測定している
　ディジタル・オーディオ，D-A変換システムにおいては，理論上，オーディオ信号以外に，サンプリング周波数の成分など，帯域外ノイズを含みます．正確な測定にはこれらを除去しなければなりません．そのために，AES17 20kHz LPFが必要です．
　図16に，D-AコンバータのTHD＋N測定例を示します．周波数の高い部分でTHD＋N値が小さくなるのは，20kHz帯域制限により，高調波成分が除去されるためです．例えば，信号周波数10kHzでは20kHz帯域内は2次高調波のみで，3次（30kHz）以上の高調波はフィルタリングされ，測定できなくなります．
　図17に示すOPアンプのTHD＋Nのように，純粋なアナログ信号のTHD＋N測定においては，AES17

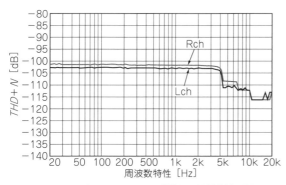

図16 D-AコンバータのTHD＋N対信号周波数特性の例

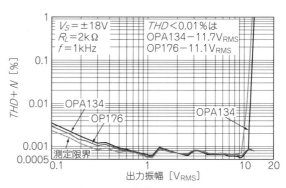

図17 OPアンプのTHD＋N対信号レベル特性の例

図18 ダイナミック・レンジ特性測定の接続

図19 SN比特性測定時の接続例

20 kHz LPFは必要ではありません．しかしLPFなしではオーディオ帯域外のノイズも測定してしまい，測定値が悪くなるので，通常は何らかのLPFを使っています．AES17 20 kHz LPFとは限らず，測定器に内蔵されているフィルタ（具体的には22 k/30 k/80 kHzのLPFなど）が用いられます．

● ダイナミック・レンジ

ダイナミック・レンジ$DR$は前述のJEITA規格でその定義と測定法が規定されています．

$$DR[\mathrm{dB}] = (-60\,\mathrm{dB}\text{出力時の}THD+N[\mathrm{dB}]) + 60$$

測定方法を図18に示します．THD＋N測定に近いのですが，民生向けオーディオではA-WeightedフィルタをもいるのがTHD＋Nと異なります．

例えば，−60 dB出力時のTHD＋N値が−40 dBであれば，$DR = 40 + 60 = 100$ dBとなります．業務用オーディオ機器の測定ではA-weightedフィルタを用いないので，フィルタのあり／なしでの値を併記している製品もあります．

ビット数から計算できる理論上のダイナミック・レンジをカタログに記載している場合がありますが，アナログ特性とは区別しなければなりません．

● SN比

SN比は，オーディオ回路／機器総合の無信号時の出力ノイズ$N$と，信号フルスケール$S$との比で定義されています．

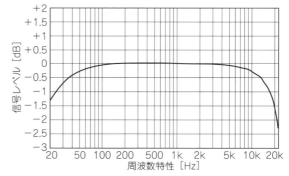

図20 実測した周波数特性の例

$$SN\text{比 }[\mathrm{dB}] = 20\log(N/S)$$

ここで，ノイズ$N$は，機器内半導体デバイスや電子部品で発生するノイズや，実装におけるノイズの総合値として出力されているものです．

測定時の接続を図19に示します．民生向けオーディオの測定法と定義はJEITA規格で規定されており，ダイナミック・レンジ特性と同様に，A-weightedフィルタを用います．

● 周波数特性

基準信号レベル（任意），基準周波数（標準1 kHz）に対しての測定周波数での基準レベルに対する実信号レベルとの偏差（dB表示）で定義されます．具体的には「20Hz～22 kHz／±1 dB」などです．図20に実測した

## ノイズの定義　　Column 2

Noise（雑音）には多くの種類が存在しますが，オーディオ回路／機器においては大別して，低周波領域の帯域内ノイズと，高周波領域の帯域外ノイズに区別できます．

▶帯域内ノイズ

主な帯域内ノイズを表Aに示します．

半導体デバイスにおいてはショット・ノイズとフリッカ・ノイズが主要ノイズとなります．

サーマル・ノイズ $N_S$ [$V_{RMS}$] は以下の式で求められます．

$$N_S = \sqrt{4kTBR}$$

$k$：ボルツマン定数$1.38 \times 10^{-23}$ [J/K]，$T$：絶対温度 [K]，$B$：帯域幅 [Hz]，$R$：抵抗値 [Ω]

例えば，20℃で1kΩの抵抗が20 Hz～20 kHzで発生するノイズ電圧$N_S$は，帯域$B = 200000 - 20 = 19980$ Hz，絶対温度 $T = 273.15 + 20 = 293.15$ K から，

$$N_S = \sqrt{4 \times 1.38 \times 10^{-23} \times 293.15 \times 19980 \times 1 \times 10^3}$$
$$= 0.56\ \mu V_{RMS}$$

となります．

OPアンプの場合，ノイズは入力換算雑音電圧や入力換算雑音電流（単位は雑音密度，V/$\sqrt{Hz}$やA/$\sqrt{Hz}$）で規定されています．

実効値$N_{RMS}$への換算は，ノイズ領域の雑音値$N_G$と帯域幅$B$で簡単に計算できます．

$$N_{RMS} = N_G \sqrt{B}$$

例えば，雑音電圧密度が5.5 nV/$\sqrt{Hz}$，周波数帯域が20 Hz～20 kHzの場合，ノイズ電圧$N_{RMS}$は，

$$N_{RMS} = 5.5 \times \sqrt{20000 - 20} \approx 0.78\ \mu V_{RMS}$$

となります．

総合雑音レベルを規定帯域幅条件での実効値（例えば，残留雑音レベル=10 μV以下/20 Hz～20 kHz帯域）と表示するケースもあります．

実アプリケーション回路においては，入力換算雑音$N_{RMS}$は回路のノイズ・ゲイン$G_N$倍されて出力ノイズになります．入力等価抵抗値にも影響されます．

出力ノイズ $N_o = G_N N_{RMS}$

▶帯域外ノイズ

$\Delta\Sigma$型のA-DコンバータやD-Aコンバータでは，その動作理論から動作サンプリング・レート$f_S$に対して，$f_S/2$以上の帯域に量子化ノイズを多く含んでいます．一般的にこれを帯域外ノイズと呼称しています．ノイズの例を図Bに示します．

帯域外ノイズはコンバータICによってそのノイズ・レベルと分布状態が異なります．実アプリケーションにおいては，ポストLPFによりある程度低減させています．しかし測定には不十分なことが多いので，測定ではAES17 20 kHz LPFを必要とします．

SACD再生では$\Delta\Sigma$変調スペクトラムがそのまま出力されるので，20 k～100 kHz帯域でのノイズ・レベルはPCMに比べて約40 dB以上大きくなり，ポストLPFの役目はより大きくなります．

表A　主な帯域内ノイズ

| 帯域内ノイズの種類 | 単位 | 概要 |
| --- | --- | --- |
| ショット・ノイズ | V/$\sqrt{Hz}$ | 電流値によって決まる電子粒子によるランダムなノイズ |
| フリッカ(1/f)ノイズ | V/$\sqrt{Hz}$ | ショット・ノイズの1/fに比例増大する領域のノイズ |
| サーマル（ジョンソン）ノイズ | $V_{RMS}$ | 温度と抵抗値によって決まる自由電子によるノイズ |

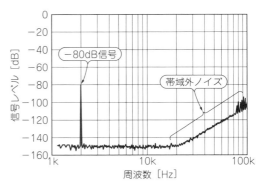

図B　帯域外ノイズの例（D-Aコンバータ出力）

例を示します．

したがって，THD + N測定などに用いる20 kHz LPFは使用せず，被測定器→測定器（レベル・メータ），という単純な接続となります．

ハイ・サンプリング・レート（$f_S$ = 96/192 kHz）対応機器，SACD機器では，原理上再生可能な帯域を「再生周波数範囲：2 Hz～100 kHz」などと表示していて，偏差を示した周波数特性が表記されていない場合があります．

● チャネル・セパレーション

チャネル・セパレーションはステレオ対応など，2チャネル以上のチャネル数があるオーディオ機器に適用される特性です．クロストーク特性とも表現されます．定義と測定法はJEITA規格で制定されています．チャネル・セパレーション$CH$は次式になります．

$$CH[\mathrm{dB}] = 20\log\left(\frac{S_{nosignal}}{S_{output}}\right)$$

$S_{nosignal}$：無信号チャネルの信号レベル［$\mathrm{V_{RMS}}$］，
$S_{output}$：信号を出力しているチャネルの信号レベル［$\mathrm{V_{RMS}}$］

測定時の接続を図21に示します．基準信号レベルは標準フル・スケール・レベル，信号周波数は標準1 kHzです．通常，クロストーク成分は寄生容量が影響するので，信号周波数が高くなるほどクロストーク量は多くなる傾向があります．

● FFT測定

FFT測定は，標準測定に関する規格はありませんし，特性表示にもあまり使われませんが，実動作検証/評価に非常に有効です．

$THD+N$測定における$THD+N$測定値は，高調波の成分，例えば2次高調波と3次高調波のレベルやノイズ・レベルの成分構成比まではわかりません．

$THD+N$の特性のうち，$THD$と$N$の成分比率や，$THD$の高調波成分の比率を的確に測定できるのがFFT測定です．測定結果を図22に示します．オーディオ機器や回路の素性をより明確にできます．FFT測定機能は，現行オーディオ・アナライザのほとんどが有しています．

FFT測定においては，測定帯域幅，周波数分解能，測定ポイント数，窓関数（ハニング，ブラックマン・ハリスなど）の各条件により測定結果は若干異なります．データの相互比較には，測定条件の確認が必要です．

## 4. ディジタル・オーディオのキーワード
### 量子化，サンプリングから$\Delta\Sigma$変調まで

■ 基本特性

● 量子化とダイナミック・レンジ

振幅方向への離散化が量子化です．

信号$V_S$［V］を分解能$M$［ビット］で量子化すると，量子化ステップ$N$と量子化ノイズ$N_q$が求まり，これにより理論的なダイナミック・レンジ$DR$が決定されます．

$$N_q = V_S/(N-1) = V_S/(2^M-1)$$

量子化された信号のダイナミック・レンジ$DR$は$N_q$のサイン波に対する分布と電力から計算できます．

$$DR\,[\mathrm{dB}] = 6.02 \times M + 1.78$$

これはあくまでもディジタル領域での理論値で，アナログ性能のダイナミック・レンジは，これより悪くなります．

● サンプリング・レート

時間方向への離散化がサンプリングで，サンプリング周波数のことをサンプリング・レートとも言います．

サンプリング周波数$f_S$［Hz］と，再生可能最大周波数$f_A$［Hz］は，

$$f_A = f_S/2$$

の関係があります．サンプリング周波数はメディアごとに標準化されており，その代表的なものは次の通りです．

- CD（CD-DA）：$f_S = 44.1\mathrm{kHz}$
- DVD（Audio）：$f_S = 48\mathrm{k}/96\mathrm{k}/192\mathrm{kHz}$
- BS：$f_S = 32\mathrm{k}/48\mathrm{kHz}$

図21　チャネル・セパレーション特性測定時の接続例

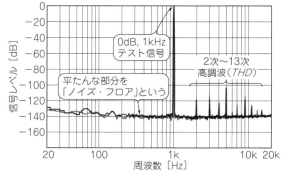

図22　FFT測定結果例

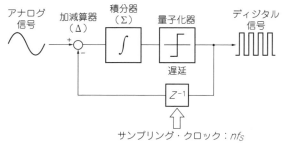

図23　1次$\Delta\Sigma$変調器のブロック図

表9[(6)] 高性能D-AコンバータICでのレイテンシ(Group Delay)特性規定例

| PARAMETER | TEST CONDITIONS | MIN | TYP | MAX | UNIT |
|---|---|---|---|---|---|
| Low Rate (32/44.1/48kHz) PCM Filter Response 1 | | | | | |
| Group Delay | | | 43 | | fs |
| Low Rate (32/44.1/48kHz) PCM Filter Response 2 | | | | | |
| Group Delay | | | 8 | | fs |
| Low Rate (32/44.1/48kHz) PCM Filter Response 3 | | | | | |
| Group Delay | | | 7 | | fs |

● $\Delta\Sigma$(デルタ-シグマ)変調

$\Delta\Sigma$変調は,現在のオーディオ用A-Dコンバータや D-AコンバータICの基本アーキテクチャです.$\Sigma\Delta$変調と呼ばれることもあります.量子化ノイズの分布をシェイプする動作から,ノイズ・シェイピングとも呼称されています.ブロック図を図23に示します.

量子化器は通常1ビット(なので1ビット方式ともいう)ですが,最近のコンバータICでは高性能化のために量子化器を多値化しているものも多く見られます.理論特性,すなわち量子化雑音の振幅と周波数分布は,$\Delta\Sigma$変調器のステージ数(次数)と動作サンプリングレート$nf_S$で決定されます.

$\Delta\Sigma$変調器のサンプリング・レートには,基準サンプリング・レート$f_S$(例えば$f_S = 44.1$ kHz)に対して$64f_S$,$128f_S$などが用いられています.

SACDでは$64f_S$の動作サンプリング・レート($44.1$ k $\times 64 = 2.8224$ MHz)をSACDのサンプリング・レートと称しています.

● サンプル・レート変換

サンプル・レート変換は,入力サンプリング・レート$f_{S1}$に対して変換器で出力サンプリング・レート$f_{S2}$に変換する機能です.これを実行するデバイスはサンプル・レート・コンバータと呼ばれています.

パソコン内部のオーディオ・コーデックなどでは,多くの音楽ファイルに対応するためにサンプル・レート変換機能が用いられています.

▶例1:$f_{S1} = 44.1$ kHz→$f_{S2} = 192$ kHz

D-Aコンバータ機器で,内部D-Aコンバータを入力フォーマット(サンプリング・レート)に関係なく,固定のサンプル・レートで動作させる目的の変換

▶例2:$f_{S1} = 96$ kHz→$f_{S2} = 44.1$ kHz

スタジオで96 kHzサンプリングで録音した音楽データを,CD-DAフォーマットのデータにするためマスタリング工程で変換

● レイテンシ

A-DコンバータICやD-AコンバータICは,折り返し雑音を除去するために,ディジタル・フィルタを搭載しています.ディジタル・フィルタは,遅延と積和演算でできているので,次数(タップ数)とサンプリング・レートに応じた遅延時間があります.

この遅延は,民生用の再生機器ではほとんど影響しませんが,業務用オーディオ機器,とくに録音機器や放送機器においては,複数のチャネルを同時に扱うことから,この遅延要素が問題となります.この遅延要素はレイテンシ(latency)と呼称されています.

レイテンシはオーディオ機器内コンバータICのディジタル・フィルタ特性でほぼ決定されます.コンバータICでは群遅延(group delay)の仕様で規定されています.市場要求に対応して複数の特性を選択できるものもあります.

実際のレイテンシ仕様の例を表9に示します.$f_S$は基準サンプリング・レートです.例えば$f_S = 48$ kHzのときResponse2のフィルタを使うと,群遅延$GD = 8 \times 48$ kHz $= 384$ kHz,遅延時間$T$は$T = 1/384$ kHz $= 2.6$ $\mu$sとなります.

● ジッタ

ジッタはクロックの時間的不確定要素で,周波数偏差やドリフトとは異なる特性です.オーディオ関連では,通常,クロックの立ち上がり/立ち下がり周期のジッタ(Period JitterまたはCycle Jitter)を規定するのが一般的です(図24).

ジッタにはこの他に,ハーフ・ピリオド・ジッタ,タイム・インターバル・ジッタなどがあります.

別の分類として,S/PDIFなどのディジタル伝送路におけるジッタと,クロック・ソース(水晶発振器やPLLなど)で発生するクロック・ジッタとに分ける考え方もあります.

オーディオ機器においては,A-DコンバータICやD-AコンバータICのマスタ・クロックの周期ジッタ

図24 ジッタの概念:周期$T$に対して時間不確定$\Delta t$により周期が変動する

が変換精度に最も影響します．マスタ・クロックは，ICによってはシステム・クロックとも呼び，$256f_S$，$384f_S$などの周波数になります．

▶ジッタの定義と測定

クロック・ジッタは，周期ジッタのヒストグラム測定における標準値(Standard Deviation/RMS値，単位は秒)をジッタと定義して一般的に仕様化されています．ジッタ測定には，この他にも位相雑音，FFTスペクトラム，アイパターン測定などの方法がありますが，D-A変換(D-AコンバータIC)の精度と最も相関関係をもつのがヒストグラム測定の標準値です．

ジッタ特性の測定には，専用の測定器であるインターバル・アナライザやサンプリング・オシロスコープにジッタ解析のオプションなどが必要です．測定例を図25に示します．

▶オーディオ特性との関係

実際のオーディオ機器においては，D-AコンバータICの動作マスタ・クロックの周期ジッタが変換性能に影響します．マスタ・クロックの生成は，大別すると水晶発振によるものとPLLによるものがあります．

水晶発振は，表10に例を示すように通常50 ps未満という低ジッタで，D-Aコンバータ特性にはほとんど影響しません．

問題は，S/PDIFやUSBなどのアプリケーションでの生成クロック・ジッタです．表11にS/PDIFレシーバが受信信号からPLLで生成するマスタ・クロックのジッタ仕様を示します．水晶発振器に比べるとかなり悪いことがわかります．最近では，多くの機器が低ジッタ化を実現する技術を組み込んでいて，より良い値が得られるようになっています．

ジッタの影響を受けるD-Aコンバータの特性としては$THD+N$特性とダイナミック・レンジ特性ですが，コンバータICのアーキテクチャや各モデルにより，その影響度は異なります．

## ■ 音源のデータ・フォーマット

### ● ディジタル記録メディア

オーディオ信号のディジタル記録メディアの代表的なものを表12に示します．

CD-DA(Compact Disc Digital Audio)が最も普及していますが，映像信号とともに記録するDVDや，

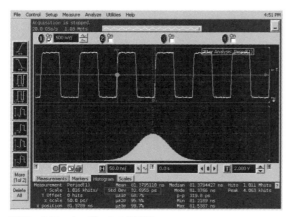

図25 クロック・ジッタの測定例
キーサイト・テクノロジーのオシロスコープDSO54853Aによる．立ち上がりクロック周期(画面上)のヒストグラム測定(画面下)，Std Dev＝32.6955ps，p-p＝319.8psと測定されている

表10[7]　クロック用水晶発振モジュールのジッタ仕様の例

| | | | | | |
|---|---|---|---|---|---|
| 1 Sigma Jitter | Jsigma | Measured with Wavecrest DTS-2079 VISI 6.3.1 | 1.8≤fo<40MHz | — | 8 | pS |
| | | | 40≤fo≤100MHz | — | 5 | pS |
| | | | 100<fo≤170MHz | — | 4 | pS |
| Peak to Peak Jitter | JPK-PK | | 1.8≤fo<40MHz | — | 80 | pS |
| | | | 40≤fo≤100MHz | — | 40 | pS |
| | | | 100<fo≤170MHz | — | 30 | pS |

表11[8]　S/PDIFレシーバICが生成するマスタ・クロックのジッタ仕様の例

| Parameter | Symbol | Min | Typ | Max | Units |
|---|---|---|---|---|---|
| PLL Clock Recovery Sample Rate Range | | 30 | - | 200 | kHz |
| RMCK Output Jitter　　　(Note 5) | | - | 200 | - | ps RMS |

5. Typical RMS cycle-to-cycle jitter.

表12　代表的なディジタル音楽データの記録メディア

| 記録媒体 | 形状 | 量子化 | サンプリング・レート | 規格 | 関連規格 |
|---|---|---|---|---|---|
| CD(CD-DA) | 12 cmディスク | 16ビット | $f_S$ = 44.1 kHz | Red Book | JEITA |
| SACD | 12 cmディスク | 1ビット | $f_S$ = 2.8224 M/5.6448 MHz | Scarlet Book | — |
| DVD | 12 cmディスク | 16/24ビット | $f_S$ = 48 k/96 k/192 kHz | DVDフォーラム | Dolby，DTS |
| Blu-ray | 12 cmディスク | 16/24ビット | $f_S$ = 48 k/96 k/192 kHz | Blu-ray Disc Association | Dolby，DTS |
| DAT | カートリッジ入りテープ | 16ビット | $f_S$ = 44.1 k/48 kHz | DAT | — |

音楽に限らず圧縮フォーマットを記録する各種カードなど，多くの種類があります．基本的には2チャネル・リニアPCMで信号を記録しますが，CD-DAとSACDのハイブリッド型ディスクもあります．映像も含むDVDなどでは，DolbyやDTSのフォーマットを用いてマルチチャネルに対応しているソフトも多数あります．

● CD/DVD/SACDのフォーマット…PCMとDSD

CD-DAやDVD音声部には，PCM信号が用いられています．いわゆるディジタル信号ですが，後述する圧縮方式と区別するために，リニアPCMと呼称することもあります．

一方，SACD（Super Audio CD）には，DSD（Direct Stream Digital）という1ビット信号フォーマットが用いられています．1ビット$\Delta\Sigma$変調器のビット列をそのままデータとしたものです．

この2種類の方式の違いを表13に示します．

● PCで扱う音楽データの記録形式

iPodやmp3プレーヤなどに代表されるポータブル・オーディオ，ネット環境下でのディジタル・オーディオなどの普及により，多くのデータ圧縮形式，およびそれを用いたファイル形式が存在しています．代表的なものを表14に示します．

MPEGに代表される圧縮方式は，圧縮した元データの品質/性能をそのまま再現できる可逆圧縮と，元データの品質/性能からは劣化する非可逆圧縮に分類されます．

● マルチチャネル

マルチチャネルとは，通常のステレオ2チャネルに対して，4チャネル以上の多チャネルを有するオーディオ・フォーマットのことです．現在においては，映画に用いられているDolbyやDTSに代表されるディジタル信号処理技術を巧みに応用したものが主流となっています．DVD再生時のAVアンプには必須の対応機能です．

▶Dolby

ドルビーラボラトリーズ社が開発，制定しているマルチチャネルおよび圧縮のフォーマットです．多くの種類が存在します（表15）．

民生向けのホーム・シアター・システム用としてはDolby Digitalの5.1チャネルとDolby PrologicⅡxの7.1チャネルの二つが最も普及しています．

▶DTS

Digital Theater Systems社が提供するマルチチャネル・システムで，Dolbyと同様に複数のフォーマットが存在します（表16）．ロゴはdtsと小文字で表示されています．DTSは可逆圧縮方式なので，24ビット/48kHzサンプリングのリニアPCM信号を再現できます．

表15　Dolbyのマルチチャネル・フォーマット

| フォーマット | チャネル数 | 概要 |
|---|---|---|
| Dolby Digital | 5.1 | 別名AC-3，マルチチャネルの標準的存在 |
| Dolby Digital Plus | 7.1 | E-AC-3，Dolby Digitalの次世代版 |
| Dolby Prologic Ⅱ | 5.1 | 2チャネルを5.1チャネルに変換 |
| Dolby Prologic Ⅱx | 7.1 | 2チャネルまたは5.1チャネルを7.1チャネルに変換 |
| Dolby Prologic Ⅱz | 9.1 | 7.1チャネルにハイト（高さ方向）の2チャネルを追加 |
| Dolby TrueHD | 7.1 | 100%ロスレスのフォーマット |
| Dolby Digital EX | 6.1 | 5.1チャネルにセンタ・サラウンドを追加 |

表13　CD/DVDで使われるPCMとSACDで使われるDSD

| 基本特性/方式 | PCM | DSD |
|---|---|---|
| 量子化ビット数 | 16～32ビット | 1ビット |
| サンプリング・レート | 32k～192kHz | 2.8224M/5.6448MHz |
| 代表的な記録媒体 | CD-DA，DVD | SACD |
| ディジタル・コード定義 | 2's Complement | － |
| 伝送フォーマット | I²S，右詰め，左詰め | － |

表14　代表的なディジタル音楽データのファイル形式

| ファイル形式 | 圧縮/圧縮率 | 概要 |
|---|---|---|
| WAV | 非圧縮 | Windows用PCM信号ファイル |
| AIFF | 非圧縮 | Mac用PCM信号ファイル |
| MP3（MPEG1 Audio Layer-3） | 非可逆圧縮 1/10 | ダウンロード用音楽データの標準的存在 |
| AAC（Advanced Audio Cording） | 非可逆圧縮 1/20 | iTunesサイト，着うたなどで使用 |
| ATRAC3 | 非可逆圧縮 1/10 | SONY製品で使用 |
| WMA（Windows Media Audio） | 非可逆圧縮 1/20 | Microsoft対応製品で使用 |
| ALAC（Apple LossLess Audio Codec） | 可逆圧縮 | Apple製品で使用 |
| FLAC（Free Lossless Audio Codec） | 可逆圧縮 | Oggプロジェクト対応 |
| MPEG4-ALS/SLS | 可逆圧縮 | MPEG4規格における可逆圧縮方式 |

4．ディジタル・オーディオのキーワード

表16 DTSのマルチチャネル・フォーマット

| フォーマット | チャネル数 | 概 要 |
|---|---|---|
| DTS Digital Surround | 5.1 | ホーム・シアタの基本型 |
| DTS Express | 6.1 | センタ・サラウンドを追加 |
| DTS 96/24 | 5.1 | 24ビット96 kHzサンプリング対応 |
| DTS HD High Resolution Audio | 7.1 | Blu-rayおよびHD DVD用，非可逆圧縮 |
| DTS HD Master Audio | 7.1 | Blu-rayおよびHD DVD用，可逆圧縮 |
| DTS Neo6 | 7.1 | 2チャネルを5.1チャネル，6.1チャネル，7.1チャネルに変換 |

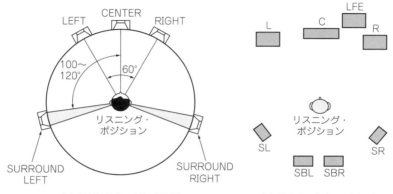

(a) ITU勧告のスピーカ配置　　(b) 7.1チャネルのスピーカ

図26 マルチチャネル・システムでのスピーカ配置

▶THX

Lucasfilm社の提唱するマルチチャネル方式で，pm3規格を制定しており，これに適合すると認証された映画館，スタジオ，オーディオ機器はTHXロゴを表示できます．基本的には5.1チャネルまたは7.1チャネルですが，DolbyやDTSとややスピーカ配置が異なります．

▶スピーカ配置

5.1チャネル，7.1チャネルなどのマルチチャネル・システムにおいては，リスニング・ポジションに対するスピーカ配置が重要です．

AVアンプなどの説明書に記載されている推奨配置はITU-R BS.775-1 (ITU：国際電気通信連合)による勧告での推奨配置をベースにしています(図26)．

## ■ インターフェース規格

### ● S/PDIF，AES/EBU

オーディオ信号のみ（画像を含まないもの，コンベンショナル方式という）を伝送する規格の代表例は，民生用のS/PDIF (Sony-Philips Digital InterFace)です．

インターフェース規格としてIEC，AES，EBU，JEITAでそれぞれ詳細な仕様が規定されています(表17)．

転送データは，フレームと呼ばれる単位で区切られます．フレーム構造を図27に示します．民生向けのS/PDIF規格も，IECやAESなど業務用に定義されて

表17 ディジタル・オーディオ用インターフェース規格

| 規 格 | 用 途 | 伝送媒体 | 伝送ジッタ規定 |
|---|---|---|---|
| IEC60958-3 | 民生向け | 75Ω同軸，トスリンク | あり |
| IEC60958-4 | 業務用 | 110Ωバランス | あり |
| AES3-1985 | 業務用 | 110Ωバランス | あり |
| EBU Tech 3253 | 業務用 | 110Ωバランス | あり |
| JEITA CP-1201 (S/PDIF) | 民生向け | 75Ω同軸，トスリンク | なし |

いる規格も，フレーム構造は同じです．チャネル・ステータス・データの定義が異なるだけです．チャネル・ステータスでは，民生向け/業務用，著作権保護あり/なし，オーディオ・データ/非オーディオ・データなどの情報が定義されています．

信号伝送時の整合インピーダンスは，業務用がバランス110Ω（ツイステッド・ペア・ケーブル），民生向けがアンバランス75Ω（同軸ケーブル）です(図28)．光ファイバも用いられます．

伝送ジッタは，UI (Unit Interval, $1UI = 1/128 f_S$, $f_S$はサンプリング・レートなのでUIの単位は秒)の単位で図29のように規定されています．

例えば$f_S = 48$ kHzにおける1UIは，1UI = 1/(128 × 48 kHz) = 162.76 nsとなります．

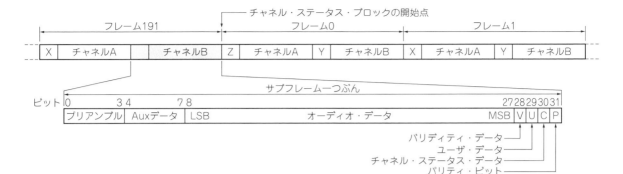

**図27** ディジタル・オーディオ用インターフェース規格のデータフレーム構造

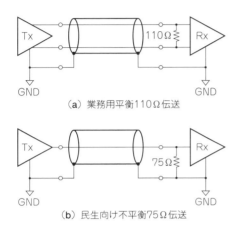

(a) 業務用平衡110Ω伝送

(b) 民生向け不平衡75Ω伝送

**図28** ディジタル・オーディオ用インターフェースのケーブルとインピーダンス

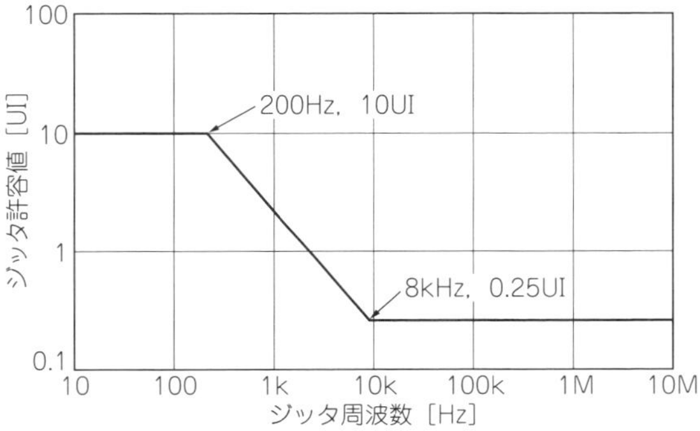

**図29** 業務用ディジタル・オーディオ用インターフェースに規定されているジッタの許容値

● HDMI

HDMI(High Definition Multimedia Interface)はAV機器間の映像,制御,音声情報を1本のケーブルで伝送できる方式です.SONY,フィリップス社などで共同規格を制定しています.コネクタ/ケーブルもいくつか規格化されていますが,据え置き型の機器ではAタイプが主流です.

● ワイヤレス・オーディオ

▶Bluetooth

Bluetoothは,エリクソン,インテルなどにより提唱され,IEEEで定めた近距離ディジタル機器用無線伝送規格です.オーディオ・アプリケーションでは主にポータブル・オーディオ機器やワイヤレス・ヘッドホンなどに用いられています.

音声データは非可逆圧縮で転送されます.圧縮コーデックには,オプションで高音質なmp3,AAC,aptXなどを使うこともできますが,送信機器,受信機器の両方がそのコーデックに対応している必要があります.

▶Air Play

Air Playはアップル製品,iPhone,iPadなどのポータブル機器(iOSデバイス搭載)で動画や音楽をワイヤレス(無線)ストリーミング再生/伝送するフォーマットです.後述するネット・オーディオの一例です.

音楽再生ではiTunesに保存した音楽データをワイヤレスでAir Play対応機器に伝送できます.最近のAVアンプやステレオ・コンポではAir Play対応製品が増えています.

■ 再生システム

高音質な音楽ソフトウェアをパソコンで扱えるファイル(WAV,FLACなど)で保存し,D-Aコンバータ機器で再生するシステムが,ここ数年急速に普及しています.これらのオーディオ形式は,PCオーディオ,USBオーディオ,ネット・オーディオなどの言葉で呼称されています.用語に関しては,業界統一標準がないので,雑誌媒体で先行しているのが現状です.

これらのオーディオ形式は大別すると,PCオーディオ/USBオーディオと,ネット・オーディオとに分

図30 PCオーディオの一般的な構成

表18 パソコンとUSB D-AコンバータをインターフェースするUSBの規格

| USB規格 | 伝送速度 | ドライバ・クラス | 最高対応フォーマット |
|---|---|---|---|
| USB1.0 | フル・スピード(12 Mbps) | USB Audio Class1 | 24ビット，96 kHzサンプリング |
| USB1.1 | フル・スピード(12 Mbps) | USB Audio Class1 | 24ビット，96 kHzサンプリング |
| USB2.0 | フル・スピード(12 Mbps) | USB Audio Class1 | 24ビット，96 kHzサンプリング |
| USB2.0 | ハイ・スピード(480 Mbps) | USB Audio Class2 | 24ビット，192 kHzサンプリング |

類できます．高音質ソフトは「ハイレゾ音源」と呼称されており，量子化24ビット，サンプリング・レート $f_S$ が88.2 k，96 k，176.4 k，192 kHzのいずれかに対応したものを意味しています．

● PCオーディオ/USBオーディオ

音楽ファイルの保管場所はPCです．再生時にはUSBインターフェースでUSBを経由してアナログ・オーディオ信号を再生するUSB DACを使います(図30)．

オーディオ用に使われるUSB規格を表18に示します．Windows OS内部に用意されている標準のUSBオーディオ・デバイス・ドライバでは，USB Audio Class2に対応しないので，サンプリング・レートは96 kHz以下の音源しか再生できません．192 kHzの再生に対応するには，専用ドライバ(USB Audio Class2でハイ・スピード対応)が必要です．Mac OSは標準で192 kHzに対応しています．

データ変換による劣化を防ぐには，PC内部のオーディオ・ミキサをパスするWASAPIなどの機能を利用することも必要です．USBインターフェースでのPCノイズ対策や，DAC動作用に低ジッタなマスタ・クロックを生成する方法が重要な要素となります．

USBの伝送方式を表19に示します．最近は，低クロック・ジッタが実現できるのでAsynchronous Modeが用いられることが増えています．

● ネット・オーディオ

ネット・オーディオでは，音楽ファイルの保存場所はNAS(Network Attached Storage)と呼ばれる，LANに接続したHDD(またはSSD)です．NASに保存した音楽ファイル・データをLAN接続でネットワーク・プレーヤに伝送，ネットワーク・プレーヤでアナログ・オーディオ信号に変換します(図31)．PCは制御(音楽ライブラリ管理)に用いるだけなので，PCか

表19 USBのデータ転送方式

| 伝送方式 | 特徴 | 主な用途 |
|---|---|---|
| Control伝送 | 制御情報を相互伝達 | すべてのデバイスに必要 |
| Bulk伝送 | 非周期的に大量データ伝送 | プリンタ，スキャナ，USBメモリ |
| Interrupt伝送 | 周期的で小容量データ伝送 | マウス，キーボード |
| Isochronous伝送 | リアルタイム伝送 | 電話，オーディオ |
|   Syncronous Mode | デバイス側がSOFに同期 | あまり使われない |
|   Adaptive Mode | デバイス側に一方的伝送 | USBオーディオ |
|   Asynchronous Mode | デバイス側から伝送速度要求 | 最近のUSBオーディオ |

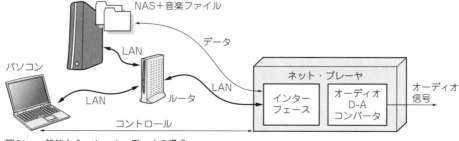

図31 一般的なネット・オーディオの構成

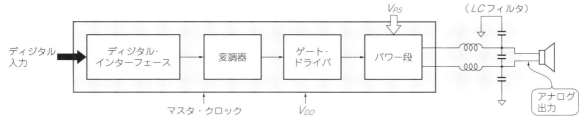

**図32 ディジタル入力型ディジタル・アンプのブロック図**

らのノイズの影響を受けずに済む方式です．

ネットワーク・プレーヤはUSB DAC機能を兼ねているものも多くあります．

ネットワーク・プレーヤでは，AV機器やPCなどの相互接続を目的としたDLNA (Digital Living Network Alliance) のガイドライン（規格ではない）に準拠したインターフェース機能を備えています．ルータを無線LAN対応にしてWi-Fiアプリケーションを利用するとワイヤレス対応も可能です．

● D-Dコンバータ

D-Dコンバータは，現存のS/PDIF入力対応オーディオ・システムでPC/USBオーディオを利用するための機器です．その機能はシンプルで，USB→S/PDIF変換です．

D-Dコンバータの入力はUSBインターフェース（USB2.0対応，Audio Class2対応のものも多い），出力はS/PDIF（最大24ビット192 kHz）となります．ほとんどの機器はバス・パワーで動作し，機器設定を必要としないので優れたソリューションと言えます．

■ ディジタル・アンプ

ディジタル・アンプはクラスDアンプ，D級アンプとも呼ばれています．これはアナログ・アンプの動作モードであるA級，AB級，B級などに対してDigital級という意味で呼称されています．

現在のディジタル・アンプは単純なPWM変調によるパルス・スイッチング動作ではなく，$\Delta\Sigma$変調器との組み合わせが主流となっています．

従来のアナログ・アンプより電力消費が少なく，発熱が小さいので小型化できることから，カー・オーディオやポータブル・オーディオ，多チャネルを搭載するAV向けパワー・アンプなどでの普及が著しい製品です．

ディジタル領域での各種ディジタル信号処理をコン

---

### ディジタル音源はいつのまにか加工されている… Column 3

● WASAPI，ASIO，Integer Mode

Windowsでは，音源に応じて，パソコン内部のオーディオ・ミキサがサンプリング・レートを含むオーディオ・フォーマット変換を実行してしまいます．ハイレゾ音源ファイルを再生しようとするとき，内部ミキサを経由すると，CD性能以下のデータに変換されてしまいます．

ハイレゾ音源の再生には，パソコン内部ミキサを通さずに出力できる機能が必要です．その機能を実現する仕組みが，WASAPI (Windows Audio Session API) の排他モードとASIO (Audio Stream Input Output) です．WASAPIの排他モードは，Vista以降のWindowsと，排他モードに対応した音楽再生ソフトウェアが必要です．

ASIOは，ASIO対応のUSB D-Aコンバータとデバイス・ドライバ，そしてASIOに対応した音楽再生ソフトウェアが必要です．

Mac OSで同様の機能を実行するのがInteger Modeです．BitPerfectなどの音楽再生ソフトウェア上でInteger Modeを設定できます．

● DoP，DSDネイティブ

これらはPC/USB/ネット・オーディオでSACD記録フォーマットであるDSD信号に対応するアプリケーションで登場したワードです．USB AudioインターフェースはPCM信号に作られていて，DSD信号に対しては規定がありません．

この対応策として，DSD信号をPCM信号伝送コンテナに変換して伝送するフォーマットが提唱され，これをDoP (DSD audio over PCM frames) と称しています．

DSD信号を扱える機器の中には，入力DSD信号をPCM信号に変換してからD-A変換でアナログ信号を得る構造の製品が多くあります．それに対して，DSD信号をそのままアナログ信号に変換する機能をDSDネイティブと称しています．

ビネーションできるのも大きな特徴です．

ディジタル・アンプICの構成を図32に示します．

90％以上の電力効率が得られるのは定格最大出力付近の大出力領域です．デバイス内部の電力損失が小さいので大きなヒートシンクを必要としないのも特徴の一つです．

# 5. オーディオ関連規格
## JEITAからRIAAまで

オーディオ・アプリケーションは音響，電子部品，電子回路，民生用機器，プロ／放送用機器など，多くの技術が関連しています．このため関連する規格や技術標準なども広範囲にわたります．関係する協会，団体の規格も個別に独立しているものだけでなく，重複するものや共同しているものもあります．ここでは，団体ごとの主要規格を掲載しています．

### ■ JEITA

JEITAは一般社団法人電子情報技術産業協会（Japan Electronics and Information Technology Industries Association）です．オーディオに限らず電子計測器，無線装置，電子部品など広範囲な分野での規格を制定しています．発足時はEIAJ（日本電子工業会）であったために，仕様の表示などに旧規格のEIAJと表示されているものも多く残っています．

JEITAで規格化されているオーディオ関連の規格を表20に示します．

最も標準的に用いられているのは，CP-1212 ディジタルオーディオインターフェース，CP-2402A CDプレーヤー測定法，などの規格です．CP-2402Aはオーディオ用D-AコンバータICの特性測定にも用いられています．

### ■ AES

AES（Audio Engineering Society）は規格策定団体というよりオーディオ技術全般に関する学術的専門機関です．

AESによる規格を表21に示します．

AESの規格のタイトル分類には，Standards, Standards Project Report, Information Document, Recommended practice, Methodなどがあります．

これらの中では，AES3 ディジタル・オーディオ・インターフェース規格やAES17で規定されている20 kHz LPFなどがよく用いられています．StandardあるいはRecommendation策定は業務用向けが多いようです．

### ■ EBU

EBU（European Broadcasting Union），欧州放送連合は，欧州および北アフリカの放送局で構成される連合団体で，日本や米国も協賛加盟しています．

EBUはその名の通り，主の放送関係の規格を制定しています．規格制定や技術プロジェクトなどについてはAESとも連携しており，代表的なものでは，ディジタル・オーディオ・インターフェース規格がAES/EBUで表現されています．

表20　JEITAのオーディオ関連規格

| 規格番号 | タイトル | 制定／改訂 |
|---|---|---|
| CP-1105 | AV機器のオーディオ信号に関する特性表示方法 | 2009・03 |
| CP-1203A | AV機器のアナログ信号の接続要件 | 1998/2007 |
| CP-1205 | デジタルオーディオインターフェース関連規格ガイド | 2002・02 |
| CP-1212 | デジタルオーディオ用オプティカルインターフェース | 2002・02 |
| CP-1301 | AV機器のオーディオ信号に関する測定方法 | 2006・11 |
| CP-2102 | オーディオアンプの定格および性能の表示 | 1992・03 |
| CP-2105 | デジタルオーディオ機器の測定方法 | 2000・03 |
| CP-2301A | DATレコーダーの測定方法 | 2000・01 |
| CP-2302A | DATレコーダーの測定用テープコード | 2000・01 |
| CP-2313A | 定格および性能の表示（カセット式テープレコーダー） | 1997・09 |
| CP-2316 | 磁気テープアナログ録音再生システム | 2005・03 |
| CP-2318 | 放送用音声ファイルフォーマット | 2010・03 |
| CP-2402A | CDプレーヤーの測定方法 | 1993/2002 |
| CP-2403A | CDプレーヤーの測定用ディスク | 1993/2002 |
| CP-2404 | ミニディスクレコーダーの測定方法 | 2001・03 |
| CP-2903B | 防磁形スピーカーシステムの分類及び測定方法 | 1992/2012 |
| CP-2905B | ポータブルオーディオ機器の電池持続時間の測定方法 | 1992/1998 |
| CP-3351 | DVDプレーヤーの測定方法 | 2002・11 |
| CPR-1902 | AV機器用コネクタのピンアサインメント | 1997・03 |
| CPR-2204 | チューナーの定格及び性能の表示 | 1993・09 |
| CPR-2312 | カセット式テープレコーダーの連続動作性能および耐久性 | 1991・12 |
| CPR-2601 | メモリオーディオの音質表示 | 2010・03 |
| CPR-4101A | 衛生放送受信機の表示と定格 | 1992/2010 |
| ED-5101A | 音声出力用集積回路測定方法 | 1992/2003 |
| RC-5226 | 音響機器用丸型コネクタ | 1993・03 |
| RC-8100B | 音響機器通則 | 1991/2009 |
| RC-8101C | 音響機器用語 | 1989/2008 |
| RC-8124B | スピーカーシステム | 1995/2012 |
| RC-8160B | マイクロフォン | 1988/2012 |
| TT-5003 | 信号発生器の性能の表し方 | 1994・08 |

EBUによる規格の代表的なものを**表22**に示します．
EBUの規格/規定形式も多くのタイプのものが存在しますが，規格制定としてはTechで始まるものがこれに相当します．

## ■ ITU

ITU（International Telecommunication Union），国際電気通信連合は，国連機関の一つで，無線/電気通信に関係する標準化規格や各種規制について制定しています．規格については，Recommendation（勧告）という形式をとっています．

代表的な規格を**表23**に示します．

ITU-RはRadio communication Sectorです．オーディオ関連では，ITU-R-BS.775によるマルチチャネルにおける推奨スピーカ配置が特に有名です．

ITU，ITU-Rともに勧告をグループで大分類しています．ITU-RではBroadcasting Service（Audio）に分類される，番号にBSとついたものがオーディオ関連になります．

## ■ IEC

IEC（International Electrotechnical Commission），国際電気標準会議は，電気/電子工学関係の技術を扱う国際団体です．オーディオだけでなく，電気電子全般のさまざまな規格を作っています．

IECによるオーディオ関連の規格を**表24**に示します．オーディオ関係では他の規格と同様に一部重複しているものもあります．

## ■ NAB

NAB（The National Association of Broadcasters），全米放送事業者協会は，米国の放送業者団体です．放送関係の規格を制定しています．オーディオ関連規格では録音再生機器のワウ・フラッタ特性や録再周波数

**表21 AESのオーディオ関連規格**

| 規格番号 | タイトル | 概要 |
|---|---|---|
| AES3-1-2009 | Digital Input-Output Interfacing | ディジタル入出力インターフェースに関する推奨 |
| AES6-2008 6(r2012) | Method for measurement of weithed peak futter of analog sound recording and reproducing equipment | アナログ録音および再生機器のピーク・フッタ測定法 |
| AES10-2008 | Serial Maultichannel Audio Digital Interface (MADI) | シリアル・マルチチャンネル・オーディオ・インターフェース規格 |
| AES11-2009 | Synchronization of digital audio equipment in studio | スタジオ用ディジタル・オーディオ機器の同期規格 |
| AES14-1992(r2009) | Application of connectors,part1 XLR-type plarity | XLRタイプ・コネクタの極性に関する規格 |
| AES17-1998(r2009) | Measurement of digital audio eauipment | ディジタル・オーディオ機器の測定方法に関する規格 |
| AES24-1999(w2004) | Application protocol for contolling and monitoring audio device via digital audio network | ディジタル・ネットワークにおけるオーディオ・デバイスの制御/モニタ・プロトコル規格 |
| AES26-2001(r2011) | Conservation of the polarity of audio singals | オーディオ信号極性の保存に関する推奨 |
| AES31-1-2001 | Audio-file transfer and exchange, part1 | オーディオ・ファイル伝送と交換，パート1規格 |
| AES42-2010 | Digital interface for Microphone | マイクロホン用ディジタル・インターフェース規格 |
| AES45-2001 | Connection for loudspeaker-level patch panel | スピーカの接続-レベル・パッチ・パネル規格 |
| AES50-2011 | High-Resolution Multi-Channel audio interconnection | 高分解能マルチチャンネル・オーディオ相互接続規格 |
| AES54-1-2008 | Connection of cable shields within connectors | コネクタ付属ケーブル・シールドの接続規格 |
| AES55-2012 | Carrige of MPEG Surround in AES3 bitstream | AES3ビット・ストリームにおけるMPEGサウンドの伝送規格 |
| AES58-2008(r2013) | Application of IEC61883-6 32-bit generic data | IEC61883-6 32ビット標準データのアプリケーション規格 |
| AES-6 id-2006 | Personal Computer Audio Quality measurement | PCのオーディオ・サウンド品質測定ガイドライン |
| AES-10 id-2005 | Enginnering guidelines for multi-channel digital interface | マルチチャンネル・ディジタル・インターフェースの技術ガイドライン |
| AES-R1-1997 | Specifications for audio on high-capacity media | オーディオ大容量メディアの仕様に関する推奨 |
| AES-R8-2007 | Synchronization of digital audio over wide area | 広範囲なディジタル・オーディオの同期に関する推奨 |

**表22 EBUのオーディオ関連規格**

| 規格番号 | タイトル | 概要 |
|---|---|---|
| EBU Tech3096 | EBU Code for Cameras and Audio Recorder Synchronization | カメラとオーディオ・レコーダ同期のためのEBUコード |
| EBU Tech3250 | Specification of Digital Audio Interface | ディジタル・オーディオ・インターフェースの仕様 |
| EBU Tech3276 | Listning Conditions for Assessment of Mono and Stereo | モノラルおよびステレオ評価のためのリスニング条件 |
| EBU Tech3306 | An extended file format for Audio | オーディオ用拡張ファイル・フォーマット |
| EBU R 027 | Audio automatic measurement equipment | オーディオ用自動測定装置 |

特性に関する規格がありますが，最近のディジタル・オーディオ機器では関係する規格はあまり存在しません．

■ DIN

DIN(Deutsche Industrie Normen)，ドイツ規格協会は，ドイツの工業規格を制定している団体です．制

表23　ITUのオーディオ関連規格

| 規格番号 | タイトル | 概要 |
|---|---|---|
| O.131 | Quantization Distotion Measurement Equipemnt | 量子化歪み測定装置に関する技術解説 |
| O.133 | Eauipment for Measureing Performance of PCM encoder/decoder | PCMエンコーダ/デコーダ特性の測定機器に関する技術解説 |
| O.174 | Jitter and Wonder Measurement Equipment for digital system | ディジタル・システム用ジッタと特異な特性の測定機器に関する技術解説 |
| H.200 | Instructure of audiovisual service -genaral | オーディオ・ビジュアル・サービス-一般に関する解説 |
| H.230 | Instructure of audiovisual service -sysytem accepts | オーディオ・ビジュアル・サービス-許容システムに関する解説 |
| J.40-49 | Digital Encorder for analog sound progamme signal | アナログ・サウンド・プログラム・システム用ディジタル・エンコーダ |
| J.50-59 | Digital Transmission of sound programee signal | サウンド・プログラム・システム用ディジタル伝送 |
| BS.644 | Audio quality parameters for the performance of a high-quality sound-programme transmission chain | 高品質オーディオ特性のオーディオ品質評価パラメータ |
| BS.647 | A digital audio interface for broadcasting studios | 放送スタジオ用ディジタル・オーディオ・インターフェース |
| BS.775 | Multichannel stereophonic sound system with and without accompanying picture | マルチチャネル・ステレオ・サウンド・システム |
| BS.776 | Format for user data channel of the digital audio interface | ディジタル・オーディオ・インターフェースにおけるユーザ・チャンネル・フォーマット |
| BS.1283 | ITU-R Recommendations for subjective assessment of sound quality | サウンド品質の主観評価のためのITU-R推奨 |

表24　IECのオーディオ関連規格

| 規格番号 | タイトル | 概要 |
|---|---|---|
| IEC60958 | Digital Audio Interface | ディジタル・オーディオ・インターフェースに関する総合規格 |
| IEC61937 | Digital Audio Interface for non-linear PCM | ノンリニアPCM信号のディジタル・オーディオ・インターフェース |
| IEC60094-1 | Magnetic tape Sound recording and reproducing | 磁気テープ・サウンド録音および再生機器 |
| IEC60098 | Analogue audio disk records and reproducing equipment | アナログ・オーディオ・ディスクと再生装置 |
| IEC60268-1 | Sound System Equipment - General | サウンド・システム機器-一般規格 |
| IEC60268-3 | Sound System Equipment - Amplifiers | サウンド・システム機器-アンプに関する規格 |
| IEC60268-4 | Sound System Equipment - Microphones | サウンド・システム機器-マイクに関する規格 |
| IEC60268-5 | Sound System Equipment - Loudspeakers | サウンド・システム機器-スピーカに関する規格 |
| IEC60268-7 | Sound System Equipment - Headphones | サウンド・システム機器-ヘッドホンに関する規格 |
| IEC60268-8 | Sound System Equipment - Automatic Gain Control Device | サウンド・システム機器-ゲイン・コントロール機器 |
| IEC60268-17 | Sound System Equipment - Standard Volume Indicator | サウンド・システム機器-標準ボリューム表示に関する規格 |
| IEC60268-18 | Sound System Equipment - Digital Audio Peak Level Meter | サウンド・システム機器-ディジタル・オーディオ・ピーク・レベル・メータに関する規格 |
| IEC60581-1 | HiFi Audio Equipment -Minimum Performance Requirement | HiFiオーディオ機器-特性に関する最小要求項目 |
| IEC60581-5 | Minimum Performance Requirement - Microphones | マイクロホン-特性に関する最小要求項目 |
| IEC60581-7 | Minimum Performance Requirement - Loudspeakers | スピーカ-特性に関する最小要求項目 |
| IEC60841 | Audio Recording -PCM encorder/decorder system | オーディオ録音-PCMエンコーダ/レコーダ・システム |
| IEC60908 | Audio Recording -Compact disc digital audio system | オーディオ録音-コンパクト・ディスク・ディジタル・オーディオ・システム |
| IEC61096 | Methods of measuring the characteristics of reproducing equipment for digital audio compact discs | ディジタル・オーディオ・コンパクト・ディスク再生装置の特性の測定方法 |
| IEC61119-1 | DAT -Demention and characerestics | DAT-特性/仕様の概要 |
| IEC61119-6 | DAT -Serical Copy Management System | DAT-コピー・マネージメント・システムについて |
| IEC61595-1 | Multichannel digital audio tape recorder -Format1 | マルチチャネル・ディジタル・テープレコーダ-フォーマット |
| IEC61595-3 | Multichannel digital audio tape recorder -24 bits Operation | マルチチャネル・ディジタル・テープレコーダ-24ビット動作 |
| IEC61603-1 | Transmission of audio video signals using IR radiation | IR技術を用いたオーディオ/ビデオ信号の伝送 |

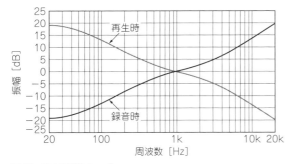

**図33** RIAA特性カーブ

**表25** レコードに使われたRIAA標準周波数特性（再生時）

| 周波数<br>[Hz] | ゲイン<br>[dB] | 周波数<br>[Hz] | ゲイン<br>[dB] | 周波数<br>[Hz] | ゲイン<br>[dB] |
|---|---|---|---|---|---|
| 20 | 19.3 | 500 | 2.7 | 5 k | -8.2 |
| 40 | 17.8 | 600 | 1.8 | 6 k | -9.6 |
| 50 | 17 | 800 | 0.8 | 8 k | -11.9 |
| 100 | 13.1 | 1 k | 0 | 10 k | -13.8 |
| 200 | 8.2 | 2 k | -2.6 | 12 k | -15.2 |
| 300 | 5.5 | 3 k | -4.7 | 15 k | -17.2 |
| 400 | 3.8 | 4 k | -6.6 | 20 k | -19.6 |

定している規格はDINコネクタで知られているコネクタの規格がオーディオ分野でも用いられています．MIDIコネクタもDIN規格を用いています．

## ■ ISO/IEC JTC1（MPEG）

ISO/IEC JTC1とは，ISOとIECの合同技術委員会（Joint Technical Community 1）のことで，情報技術分野の標準化を目的としています．最も代表的な規格に音声／画像圧縮フォーマット標準であるMPEG（Moving Picture Expected Group）があります．

オーディオの圧縮規格として有名なmp3は，初期の規格MPEG1のオーディオ・レイヤの規格です．

ディジタルTVやDVDはMPEG2を利用しています．MPEG1の拡張，高性能版としてMPEG4があります．

## ■ RIAA

RIAA（Recording Industry Association of America），全米レコード協会はレコードの録音／再生における周波数特性を制定している団体です．

周波数特性を図33，表25に示します．RIAA特性やRIAAカーブと呼ばれます．このRIAA特性は現在でも使われており，レコード・プレーヤ用のフォノ・イコライザ・アンプでは必須の特性です．

## ■ JAS

日本オーディオ協会（Japan Audio Society）はオーディオとAVに関する技術向上と発展を目指して設立された社団法人です．特にオーディオに関する規格は制定していませんが，試聴用のテスト信号を含んだ音楽ソフトをいくつか販売しています．

CD-DA，DVD，SACD対応の代表的ディスクは次の通りです．

▶ Audio Test CD1
基準波信号，インパルス信号など91種類のテスト信号を収録．

▶ Audio Check DVD-V1
24ビット／96 kHzリニアPCM信号，Dolbyサラウンド信号，DTSサラウンド信号，デモ音楽などを収録．

▶ DENON Audio Check SACD
SACD各種テスト信号とデモ音楽を収録．

## ■ IEEE

IEEE（The Institute of Electrical and Electronics Engineers, Inc）は，米国の電気／電子学会です．会員資格審査や会員グレートがあり，学術的要素が大きい組織です．

IEEEで制定されたオーディオ用の規格，という感じのものはあまりないのですが，LANに関する規格やBluetoothに関する規格（IEEE802.3：有線LAN規格，IEEE802.11：無線LAN規格，IEEE802.15：Bluetooth規格）など，オーディオ製品でも利用する規格はいくつもあります．また，半導体や電子回路に関する多くの論文や技術文献を有しています．

◆引用文献◆

(1) Yoji Suzuki；6．音程と周波数の関係，VGS音声システム・詳解．
http://vgs-sound.blogspot.jp/2013/04/6.html
(2) 産業技術総合研究所：聴覚の等感曲線の国際規格ISO226が全面的に改正に．
http://www.aist.go.jp/aist_j/press_release/pr2003/pr20031022/pr20031022.html
(3) エー・アール・アイ：残響，残響時間，RT60．
http://www.ari-web.com/service/kw/sound/reverb.htm
(4) 村田製作所：金属端子付きのコンデンサを使う時の注意点を教えてください．
http://www.murata.co.jp/products/capacitor/design/faq/mlcc/property/54.html
(5) Brabec：ファンタム電源
http://www.geocities.jp/brabecaudio/amp/techinf6.htm
(6) Wolfson microelectronics；WM8742データシート．
(7) 京セラ：KC5032C-C3 Series（K30-3C Series）データシート．
(8) シーラス・ロジック：CS8416データシート．

（初出：「トランジスタ技術」2013年12月号）

## 第6章 周波数の割り当てから測定法まで 早見表満載！

# 無線便利帳

藤田 昇 Noboru Fujita

## 1. 周波数による電波と電磁波の分類
### 呼称，特徴，用途，国内での割り当て

### ■ 周波数による分類とそれぞれの特徴

#### ● 電磁波の周波数と呼称

図1に電磁波の周波数による分類と，それによる呼称の違いを示します．光や電波，X線なども電磁波の一種です．日本の電波法では，3THz以下の電磁波が電波とされています．

#### ● 電波の周波数と呼称

周波数が3THz以下の電磁波，いわゆる電波の周波数による分類とその呼称を表1に示します．

周波数1GHz程度以上の電波は，一般にマイクロ波と呼ばれていて，表2のようなバンド名で呼ばれます．

電波法上の呼び名は，表1とはまた少し異なり，表3のように分類されています．ラジオなどで使う帯域は，表4のように特別な呼び名が付けられています．

#### ● 電波の利用形態

電波（電磁波）にはさまざまな利用価値がありますが，

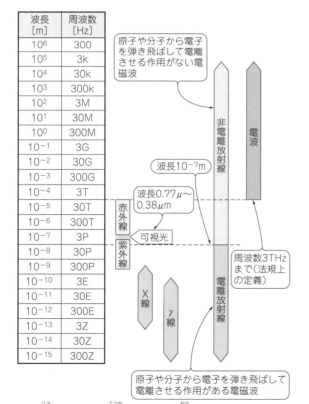

※1． PHz=$10^{15}$Hz, EHz=$10^{18}$Hz, ZHz=$10^{21}$Hz
※2． X線（電荷の加減速）とγ線（核分裂/核融合）は発生機構の区分なので，周波数帯は重なる

**図1** 電磁波の周波数による分類

**表1 電波の周波数で分けたときの呼称**

| 周波数 | 波長 | 略称 | 呼称（英） | 呼称（和） |
|---|---|---|---|---|
| 3～30 Hz | 10 Mm～100 Mm | ELF | Extremely Low frequency | – |
| 30～300 Hz | 1 M～10 Mm | SLF | medium Low Frequency | – |
| 300～3 kHz | 100 k～1000 km | ULF | Ultra Low Frequency | 極超長波 |
| 3 k～30 kHz | 10 k～100 km | VLF | Very Low Frequency | 超長波 |
| 30 k～300 kHz | 1 k～10 km | LF | Low Frequency | 長波 |
| 300 k～3 MHz | 0.1 k～1 km | MF | Medium Frequency | 中波 |
| 3 M～30 MHz | 10～100 m | HF | High Frequency | 短波 |
| 30 M～300 MHz | 1～10 m | VHF | Very High Frequency | 超短波 |
| 300 M～3 GHz | 0.1～1 m | UHF | Ultra High Frequency | 極超短波 |
| 3 G～30 GHz | 1～10 cm | SHF | medium High Frequency | センチ波 |
| 30 G～300 GHz | 1～10 mm | EHF | Extremely High Frequency | ミリ波 |
| 300 G～3 THz | 0.1～1 mm | – | – | サブミリ波 |

表2　マイクロ波の呼称

| バンド | P | L | S | C | X | Ku | K | Ka | V | W |
|---|---|---|---|---|---|---|---|---|---|---|
| 周波数[GHz] | 0.5〜1.0 | 1.0〜2.0 | 2.0〜4.0 | 4.0〜8.0 | 8.0〜12.5 | 12.5〜18 | 18〜26.5 | 26.5〜40 | 40〜75 | 75〜110 |

Ku：under K band，Ka：above K band

※「マイクロ波」は通称で，波長がマイクロメートルの波のことではない

表3　電波法上の周波数帯の分類と呼称

| 周波数帯の周波数の範囲 | 周波数帯の番号 | 周波数帯の略称 | メートルによる区分 |
|---|---|---|---|
| 3 kHzを超え，30 kHz以下 | 4 | VLF | ミリアメートル波 |
| 30 kHzを超え，300 kHz以下 | 5 | LF | キロメートル波 |
| 300 kHzを超え，3000 kHz以下 | 6 | MF | ヘクトメートル波 |
| 3 MHzを超え，30 MHz以下 | 7 | HF | デカメートル波 |
| 30 MHzを超え，300 MHz以下 | 8 | VHF | メートル波 |
| 300 MHzを超え，3000 MHz以下 | 9 | UHF | デシメートル波 |
| 3 GHzを超え，30 GHz以下 | 10 | SHF | センチメートル波 |
| 30 GHzを超え，300 GHz以下 | 11 | EHF | ミリメートル波 |
| 300 GHzを超え，3000 GHz以下 | 12 | － | デシミリメートル波 |

参照：電波法 施行規則 第四条の三

表4　電波法上の呼称特例

| 周波数帯 | 周波数範囲 |
|---|---|
| 中波帯 | 285 k〜535 kHz |
| 中短波帯 | 1606.5 k〜4000 kHz |
| 短波帯 | 4000 k〜26.175 MHz |

参照：電波法 運用規則 第二条

表5　電波の利用形態とその例

| 利用形態 | システム例 |
|---|---|
| 放送 | テレビ，AM/FMラジオ |
| 通信 | 海上・陸上・航空通信，携帯電話，多重無線，衛星通信，アマチュア無線 |
| 遠隔観測・制御 | テレメータ，リモコン |
| 位置標識 | GPS（米国），Galileo（欧州），GLONASS（ロシア），準天頂衛星みちびき（日本），ロラン，電波ビーコン |
| センサ | レーダ，天体観測，人体センサ |
| 加熱 | 電子レンジ，温熱治療器，誘導加熱 |
| エネルギー伝送 | RF-ID，SSPS（Space Solar Power System） |

表6　電波の周波数による特徴の変化

| 特徴 | 低い周波数 | 高い周波数 | 備考 |
|---|---|---|---|
| 波長 | 長い | 短い | 300 MHzで1 m |
| 直進性 | 弱い | 強い | 波長と生活空間寸法の比で変わる |
| 透過損失 | 一般に小 | 一般に大 | 同じ誘電体の場合 |
| 電離層 | 反射（LF〜HF） | 透過（UHF〜） | VLF以下は透過 |
| 長距離通信 | 容易 | 困難 | 球体の地上の場合 |
| 高速通信 | 困難 | 可 | 高速通信には広い周波数幅が必要 |
| アンテナ | 一般に大 | 一般に小 | GHz帯で大型アンテナを使うことも |
| 生体発熱 | なし | あり（UHF〜） | 波長が人体より短いと吸収され易い |

表7　周波数帯ごとの主な用途

| 周波数 | 略称 | 主な用途（国内の割り当て例） |
|---|---|---|
| 3〜30 Hz | ELF | － |
| 30〜300 Hz | SLF | － |
| 300〜3 kHz | ULF | － |
| 3 k〜30 kHz | VLF | － |
| 30 k〜300 kHz | LF | 標準電波，ロランC，航空ビーコン，移動体識別 |
| 300 k〜3 MHz | MF | 中波ラジオ放送，船舶無線電話，船舶通信 |
| 3 M〜30 MHz | HF | 短波放送，船舶通信，航空通信，移動体識別，市民ラジオ |
| 30 M〜300 MHz | VHF | 船舶通信，FM放送，航空無線，移動・固定通信，テレメータ・テレコントロール，マルチメディア放送 |
| 300 M〜3 GHz | UHF | 地上波ディジタルテレビ，移動・固定通信，携帯電話，PHS，テレメータ・テレコントロール，GPS，無線LAN，電子レンジ，レーダ |
| 3 G〜30 GHz | SHF | 多重無線，衛星放送，衛星通信，レーダ，無線LAN |
| 30 G〜300 GHz | EHF | 衛星間通信，レーダ，天体観測，無線LAN |
| 300 G〜3 THz | － | 天体観測 |

主な利用形態とその例を**表5**に示します．

● 周波数ごとの特徴

電波は周波数によって特徴が変わります．大まかな傾向を**表6**に示します．この特徴により，用途によって使われる周波数が異なります．周波数帯ごとの主な用途を**表7**に示します．

■ 周波数の割り当て

**図2**に国内の周波数割り当ての概要を示します．詳細は総務省のウェブ・サイトを参照してください．

http://www.tele.soumu.go.jp/j/adm/freq/index.htm

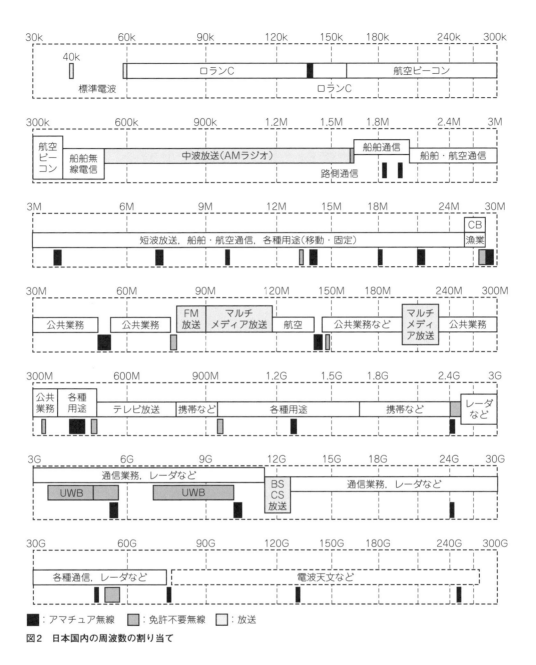

図2 日本国内の周波数の割り当て

## 電波の割り当ては誰が決める　　Column 1

いったん発射された電波は国境も越えて飛んでいきます．同じ周波数の電波を同時に受信すると相互に干渉するので，電波を有効に使うためには周波数の使い方を国際的に決めておく必要があります．

国際的に周波数の割り当てを決めて管理しているのは，ITU-R(International Telecommunication Union - Radiocommunications Sector：国際電気通信連合の無線通信部門)です．

ITU-Rの管理下で，各国・地域の電波行政部門(日本の場合は総務省)が各国・地域内の詳細運用方法を決定・管理しています．米国のように，一部の周波数の割り当てをオークションで決めている例もあります．

## 2. 免許不要の無線局と技適

### ■ 免許不要の無線局（電波法第四条）

国内で使う無線通信システムは，日本の電波法に違反しない無線局（無線機器とそれを操作する者の総体）である必要があります．

無線局を開設しようとする者は，総務大臣の免許を受けなければなりません．

ただし，表8に掲げる無線局は，免許不要で開設または運用できます．

### ■ ARIB標準規格

表8中の「特定小電力無線局等」の詳細と，それぞれに対応するARIB標準規格を表9に示します．

表9の特定小電力無線局のうち，高速無線データ通信システムの代表的な標準規格を表10に示します．

### ■ 免許不要無線機の入手方法と免許が必要な無線機との違い

● 免許不要無線機の入手方法

誰でも使える免許不要の小電力無線機を入手する方法として，以下の三つの方法が考えられます．

① パソコンや携帯電話機，あるいは無線ルータのように，無線機をあらかじめ内蔵している機器を買う
② 情報機器と組み合わせ，あるいは機器に組み込むことを目的としたモジュールを買う
③ チップセットおよび周辺部品を買い集めて無線装置を作る

それぞれ，利点欠点がありますので，目的や自分の環境に合わせて選択します（表11参照）．最近はUSBやISAバスなどの標準インターフェースを備えた各種の無線モジュールが市販されていて，試作や実験，あるいは少量生産に便利です．

表8 免許不要で開設または運用できる無線局

| 無線局の種類 | | 内容 |
|---|---|---|
| 微弱無線局<br>電波法施行規則第六条1 | 電界強度が微弱なもの<br>（第六条1の一） | 無線設備から3 mの距離において，電界強度が(b)の図の数値以下の無線局 |
| | ラジコン用周波数<br>（第六条1の二） | 無線設備から500 mの距離において，電界強度が200 μV/m以下で，13.56 MHz，27.12 MHz，40.68 MHzのラジコン（Radio Control）用無線局．この他に航空用（模型飛行機等）として72 MHz帯が割り当てられている |
| | 測定器（第六条1の三） | 方向探知器の検査に用いる標準電界発生器，ヘテロダイン周波数計その他の測定用小型発振器は無線局に含まれない |
| 市民ラジオの無線局<br>（電波法施行規則第六条3） | | 26.968 M，26.976 M，27.04 M，27.08 M，27.088 M，27.112 M，27.12 M，27.144 MHzの周波数の振幅変調電波を使用し，空中線電力が0.5 W以下の適合表示無線設備（技術基準適合品）を使用する無線局で，通話用トランシーバに使用されている |
| 特定小電力無線局等<br>（電波法施行規則第六条4） | | 空中線電力が1 W以下で，適合表示無線設備を使用する無線局．無線LAN，コードレス電話，ワイヤレス・マイク，PHS（子局），テレメータ/テレコントロール，通話用トランシーバなど極めて多くの種類があり，多くのユーザが使用している |
| 登録局<br>（電波法第四条第四号） | | 登録するだけで開設できる無線局で，2005年にできた新しい制度．当初は5 GHz帯（4.9 G〜5.0 GHz，5.03 G〜5.092 GHz）の無線アクセス・システムだけが対象だったが，空中線電力が10 mW以下のPHSの基地局，周波数ホッピング方式の2.4 GHz帯構内無線，950 MHz帯構内無線局が追加されている |
| 包括免許制度※ | | 携帯電話は上記のいずれにも当てはまらないが，包括免許制度によって通信事業者が一括して免許を受けることで，端末ユーザは免許不要で使用できるようになっている |

※ 免許不要の無線局ではないが，一般ユーザにとっては実質上免許不要．

(a) 無線局の種類

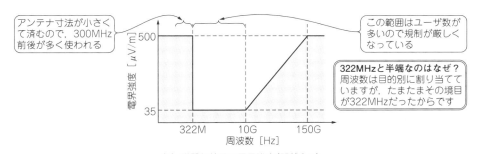

(b) 微弱無線局の電界強度（距離3 m）

表9 特定小電力無線局等の種類とそれに対応するARIB標準規格

| 周波数帯 | 出 力 | 用 途 | ARIB標準規格 |
|---|---|---|---|
| 250 MHz帯, 380 MHz帯 | 10 mW | (アナログ)コードレス電話 | STD-13 |
| 312 M ～ 315.25 MHz | 10 mW | テレメータ, テレコントロール, データ伝送 | STD-T93 |
| 410 M ～ 430 MHz<br>440 M ～ 470 MHz<br>1215 M ～ 1260 MHz | 10 mW | テレメータ, テレコントロール, データ伝送 | STD-T67 |
| 950.8 M ～ 957.6 MHz |  | テレメータ, テレコントロール, データ伝送 | STD-T96 |
| 915 M ～ 930 MHz | 20 mW |  | STD-T108 |
|  | 250 mW | 簡易無線局(免許要) | STD-T108 |
| 410 M ～ 430 MHz<br>440 M ～ 470 MHz | 10 mW | 医療用テレメータ | STD-21 |
| 402 M ～ 405 MHz | 10 mW | 体内植込型医療用データ伝送 | — |
| 433.67 M ～ 434.17 MHz | 10 mW | 国際輸送用データ伝送 | STD-T92 |
| 410 M ～ 430 MHz | 10 mW | 無線呼出用 | STD-19 |
| 73.6 M ～ 74.8 MHz<br>322 M ～ 323 MHz<br>806 M ～ 910 MHz | 10 mW | ラジオ・マイク | STD-15 |
| 410 M ～ 430 MHz<br>440 M ～ 470 MHz | 10 mW | 無線電話 | STD-20 |
| 75.2 M ～ 76 MHz | 10 mW | 音声アシスト用無線電話 | STD-T54 |
| 915 M ～ 930 MHz | 250 mW |  | STD-T100 |
| 2427 M ～ 2470.75 MHz | 10 mW | 移動体識別 | STD-29 |
| 2400 M ～ 2483.5 MHz | 10 mW/MHz |  | STD-T81 |
| 60 G ～ 61 GHz<br>76 G ～ 77 GHz<br>77 G ～ 81 GHz | 10 mW | ミリ波レーダ | STD-T48 |
| 57 G ～ 66 GHz | 10 mW | ミリ波画像伝送 | STD-T69 |
| 10.5 G ～ 10.55 GHz | 20 mW | 移動体検知センサ(屋内のみ) | STD-T73 |
| 20.05 G ～ 24.25 GHz |  | 移動体検知センサ | STD-T73 |
| 142.93 M ～ 142.99 MHz | 1 W | 動物検知通報システム | STD-T99 |
| 426.25 M ～ 426.8375 MHz | 10 mW | 非常通報, 制御 | STD-30 |
| 2400 M ～ 2483.5 MHz | 10 mW/MHz | データ伝送(無線LANなど)<br>代表的なものを表10に示す | STD-T66 |
| 2471 M ～ 2497 MHz |  |  | STD-33 |
| 5150 M ～ 5350 MHz<br>5470 M ～ 5725 MHz |  |  | STD-T71 |
| 24.77 G ～ 25.23 GHz<br>27.4 G ～ 27.46 GHz |  |  | — |
| 1893.65 M ～ 1905.95 MHz<br>1895.616 M ～ 1902.528 MHz | 10 mW | ディジタル・コードレス電話 | STD-28 |
| 1906.25 M ～ 1908.05 MHz<br>1915.85 M ～ 1918.25 MHz<br>1884.65 M ～ 1919.45 MHz | 10 mW | PHSの陸上移動局 | — |
| 5.815 G ～ 5.845 GHz | 10 mW | 狭域通信システム(DSRC)移動局 | STD-T75 |
| 5.775 G ～ 5.805 GHz | 1 mW | DSRCの試験システム用 | STD-T75 |
| 4900 M ～ 5000 MHz<br>5030 M ～ 5091 MHz | 10 mW/MHz | 5 GHz帯無線アクセス・システム | STD-T71 |
| 3.4 G ～ 4.8 GHz<br>7.25 G ～ 1025 GHz | −41.3 dBm/MHz* | 超広帯域無線システム(UWB)<br>*0 dBm/50 MHzも併せて規定 | STD-T91 |
| 700 MHz帯 | 10 mW/MHz | 高度道路交通システムの陸上移動局 | STD-T109 |

備考1　ARIB：Association of Radio Industries and Businesses, 電波産業会.
備考2　ARIBのWebから標準規格をダウンロードできる.

● 免許不要無線機のメリットとデメリット

　法整備と標準規格化によってさまざまな規格の免許不要局を使えるようになっています．すでに多くの免許不要局が使われていますが，メリットばかりではなくデメリットもあります（表12参照）．

　最も大きなデメリットは，電波干渉による通信障害を避けるのが困難なことです．免許不要局の多くは使用場所の制限がないので，ある日突然にすぐ隣に干渉

## ARIB標準規格とIEEE規格 — Column 2

　日本国内で使う無線機器なら，ARIB(Association of Radio Industries and Business，電波産業会)によって作られた標準規格があります．ARIBは，電波の利用に関する調査，研究，開発，規格策定などを行う業界団体です．

　ARIB標準規格は，電波法規定の解釈と通信プロトコルの規定が書かれています．このほかに自主規制内容や参考資料を記載しているものもあります．なかには通信プロトコルの規定がないものや，IEEE標準規格など外部規格をそのまま参照しているものもあります．

　電波法の規定とARIB規格の電波法の解釈は必ずしも一致せず，ARIB規格のほうがより制限がきつい場合があります．

　例えば，電波法では許容される変調方式がARIB規格では許容されないなどです(当然ですが，逆はありません)．

　一方，IEEE規格はプロトコルが主体であり，電波行政に関わる部分は参考的な記述になっています．

　例えば，無線LANの標準規格(IEEE 802.11＊)には周波数帯や周波数チャネルが規定されていますが，運用に際しては各国・地域の電波行政に従うこととされています．国内ではARIB標準規格に従うのが現実的です．

表10　無線データ通信システムの代表的な標準規格

| 項　目 | Wi-Fi(無線LAN) | Bluetooth | ZigBee |
|---|---|---|---|
| 商標等管理 | Wi-Fiアライアンス | Bluetooth SIG | ZigBeeアライアンス |
| IEEE規格 | IEEE 802.11 | IEEE 802.15.1 | IEEE 802.15.4 |
| ARIB規格 | STD-33，-T66，-T71 | STD-T66 | STD-T66 |
| 概要 | 有線LANの置き換えとして開発されたが，無線の特性を生かせるように多くの機能が追加され，多くのユーザが使っている．さらに，常に先進的なプロトコルを採用し続ける無線LANは，高速データ通信システムを牽引しているといえる | 短距離の音声データ通信用として開発された．伝送速度はそれほど速くないが，小型で低消費電力の特長を生かし，パソコンの周辺機器用としても使われている | Bluetoothよりも短距離で低速ですが極めて低消費電力のシステムとして開発された．極簡単なリモコンなどを想定していたが，ネットワーク機能を利用して屋外センサ・ネットなどに利用されている |
| 周波数帯(国内) | 2.4 GHz，5.2 GHz，5.3 GHz，5.6 GHz，25 GHz，60 GHz | 2.4 GHz | 2.4 GHz |
| 変復調方式 | FHSS，DSSS，CCK，OFDM，MIMO | FHSS | DSSS，QPSK(O-QPSK) |
| 伝送速度 | ～7 Gbps(周波数帯で異なる) | 1 Mbps(オプションで，～3 Mbps，～24 Mbps) | 250 kbps |
| 通信距離 | P-MP＊：～数百m<br>P-P＊：～数十km<br>(周波数帯で異なる) | P-MP＊：～数十m<br>P-P＊：～数百m | P-MP＊：～数十m<br>P-P＊：～数百m |
| アクセス制御 | CSMA-CA | CSMA-CA | CSMA-CA |
| 誤り訂正 | ARQ，FEC | ARQ，FEC | ARQ |
| インターフェース | イーサネット，USB，PCIバス，RS-232-Cなど | USB，PCIバスなど | USB，PCIバスなど |
| 選択基準など | 高速伝送，長距離伝送が可能だが，消費電力が大きくなる．また，回路規模・ソフトウェア規模が大きく，費用がかかる．多くの周波数帯が解放されており，自由に選択可能 | 携帯電話の延長や無線ヘッドホンなど音声伝送機器に適する．2.4 GHz帯を他のシステムと共用していますので，干渉による通信障害のリスクがある | 超低消費電力なので乾電池で長期間動作も可能．伝送速度が遅いので大容量データ伝送には向かない．2.4 GHz帯を他のシステムと共用しているので，干渉による通信障害のリスクがある |

＊P-MP(Point to Multi-Point)は無指向性アンテナ，P-P(Point to Point)は指向性アンテナを使用した場合．

局が出現する可能性があります．基本的には自動的に干渉を避ける機能(CSMAなど)を有していますが，あくまで周波数帯を共用する機能ですので，伝送速度が遅くなるなどの弊害を生じることがあります．

　免許不要局を産業用などの重要なシステムに使用する場合は，デメリットを十分理解し，対応策を検討した上で利用してください．

### ■ 技適とその受験手順

　免許不要の無線局のうち，微弱無線局以外，つまり特

表11 免許不要無線機の入手方法による違い

| 項　目 | 製品を買う | モジュールを買う | チップを買う |
|---|---|---|---|
| 入手形態 | ●標準インターフェースを備え，単体で通信機能を有する機器を購入する<br>●無線機内蔵のパソコンや携帯電話機，あるいは無線ルータなど | ●標準インターフェースを備え，情報機器と組み合わせることを想定したモジュールを購入する | ●チップ・セットを購入し，プリント板回路やソフトウェアを作る |
| 購入先 | ●電気店<br>●量販店<br>●機器メーカ | ●モジュール・メーカ<br>●代理店<br>●電気部品店 | ●チップ・メーカ<br>●代理店<br>●電気部品店 |
| 技術基準適合証明 | ●機器メーカや商社で取得済み | ●モジュール・メーカや商社で取得済み | ●自分で取得する．あるいは代理業者に依頼する |
| 利点 | ●購入するだけで使用できる<br>●少量でも経済的な価格で入手可能 | ●購入するだけで使用できる．<br>●少量生産でも安価．<br>●接続機器(パソコン等)側にドライバが組み込んであるものが多い | ●設計の自由度が多い(ハード/ソフトともに)<br>●大量生産の場合は安価．<br>●最終ユーザの特注に対応できる |
| 欠点 | ●設計の自由度がほとんどない<br>●機器メーカのアプリケーションに限定される | ●設計の自由度が少ない<br>●接続機器によってはドライバを別途用意するか，作成するかしなければならない | ●ソフト/ハードともに作成しなければならない<br>●少量生産の場合は高価<br>●チップ・セット・メーカとライセンス契約が必要<br>●アライアンスなどへの参加が必要 |
| その他 | ●直輸入品やネット販売品などでは技適を取得していないものもある．そのまま使用すると電波法違反になるので注意を要する | | ●無線技術や高周波測定設備がないと対応困難<br>●個人での対応は困難 |

表12 免許不要の無線機を使うメリットとデメリット

| | 内　容 | 備　考 |
|---|---|---|
| メリット | 無線従事者免許不要で，誰でも使える | |
| | 無線局免許申請が不要で，購入するだけで使える | 申請費用が不要 |
| | 電波利用料が不要 | |
| | 再免許申請が不要(当然，申請費用も不要) | 免許局には原則として期限がある |
| | 一般に小型で安価 | 標準化と量産による |
| | 一般に低消費電力 | 空中線電力が小さいため |
| | 狭いエリアに多くのユーザを収容できる | 空中線電力が小さいため |
| デメリット | 通信距離が短い | 空中線電力が小さいため |
| | 使用アンテナの変更やケーブルでの延長ができない | 無線LANのようにアンテナ変更や延長が可能なものもある |
| | 個々のユーザに周波数が割り当てられていないので電波干渉のリスクがある | |
| | 連続送信時間に制限がある | 制限がないものもある |
| | 免許局に干渉による障害を与えた場合は使用中止あるいは周波数を変更しなければならない | |
| | 免許局から干渉による障害を受けても許容しなければならない | |

定小電力無線局や登録局(端末局)，包括免許局(端末局)として使用する無線機は，技適または認証が必要です．

技適とは，技術基準適合証明(電波法第38条の6)の略称で，総務大臣の登録を受けた証明機関が，個々の無線通信機器を試験し，遵守すべき技術基準に適合していることを証明する制度です．

一般に無線機メーカが技適を取得して製品を販売しますが，制度上は商社や個人でも取得できます．

技適の受験手順を図3に示します．

技適と同様の制度で，工事設計認証(電波法第38条の24)があります．これは個々の機器の試験は行わず，同一種類の無線機器全体として証明番号を付与する制度で，認証と略称されます．大量生産品の場合は受験費用の面で技適より経済的です．

## ■ スマート・メータと920MHz帯

### ● スマート・メータとは

通信・制御機能を付加した発電・送電・配電ネットワークを構築し，電力の流れを監視・制御することによって，電力エネルギーを効率的に運用しようとするシステムをスマート・グリッドといいます．

スマート・グリッドを機能させるためには，末端(個人電力消費者)に至るまで各種データを収集する必要があります．これまで末端消費者のデータは電力計の数値(月間電力量)を人が読んで収集していましたが，これでは変化に応じた迅速な制御ができません．

そこで，電力計に通信機能を持たせ，消費電力などの情報をリアルタイムで収集するようにしました．この電力計をスマート・メータといいます．

同じようなネットワークの構想は都市ガス事業や水道事業にもあり，いずれ各事業を統合したスマート・メータが普及すると思われます．

### ● スマート・メータの通信回線

通信回線として無線を用いる方式が有効な方法の一つで，2.4GHz帯の無線LANやBluetoothなどが使わ

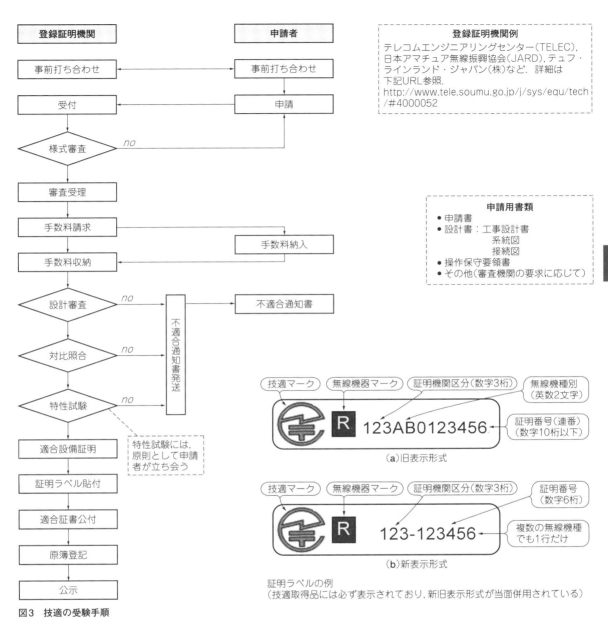

図3 技適の受験手順

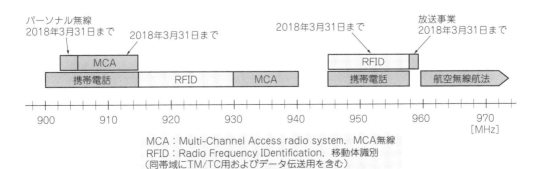

図4 920 MHz帯の周波数割り当て

2. 免許不要の無線局と技適

れようとしています．しかし，2.4 GHz帯の電波は直進性が強く，込み入った都市では安定な通信を確保するのが困難です．地方では末端消費者の住宅間の距離が長くなり，通信できないことも考えられます．

そこで，より波長の長い900 MHz帯を割り当てる動きが出てきました．国内では920 MHz帯（915～930 MHz）が割り当てられています（図4）．これより先にセンサ・ネットワーク用として950 MHz帯が割り当てられていましたが，世界の動向に合わせて920 MHz帯に移行中です．

● スマート・メータの通信プロトコル

現時点では世界的に統一されたスマート・メータの通信プロトコルはなく，無線LANプロトコルやZigBeeプロトコルあるいはそれらの変形版が使われようとしています．データ量はそれほど多くないので，伝送速度よりも通信距離や通信の安定性が優先されます．そのため，伝送速度を下げ，占有周波数帯幅を狭くしています．例えば無線LAN系ではIEEE802.11ah（低速，狭帯域化）が，ZigBee系ではIEEE 802.15.4g（周波数帯およびデータ・サイズの拡張，変調方式の追加）が提案されています．

● 920 MHz帯の法規

920 MHz帯のテレメータ／テレコントロール用・データ伝送用無線設備の法規は，電波法設備規則第四十九条の十四で規定されています．その内容を（意訳して）表13に示します．1ユーザが最大5チャネルまで

---

## EIRPとは    Column 3

無線装置の空中線電力は平均電力で表記することが多いのですが，小電力機器の一部はEIRPを併用している場合があります（表13など）．

EIRP（Equivalent Isotropic Radiated Power，等価等方放射電力）とは，アンテナからある方向に放射されるエネルギを，理想アンテナ（ゲイン0 dBi）での送信電力に置き換えたものです．

例えば図Aのようにゲイン20 dBiのアンテナに送信出力10 dBm（＝10 mW）を加えたときのビーム方向のEIRPは，30 dBm（＝1 W）になります．つまり，ビームの先端だけを見れば，理想アンテナに1 Wの電力を加えたのと同じことを意味します．

電波法設備規則では具体的なEIRPの数値ではなく，以下のように記述されていますが，これはEIRPが40 mW以下であれば，送信アンテナ・ゲインを上げてよいと同じ意味です．

『送信空中線は，その絶対ゲインが3 dBi以下であること．ただし，等価等方輻射電力が絶対ゲイン3 dBiの空中線に20 mWの空中線電力を加えたときの値以下となる場合は，その低下分を送信空中線のゲインで補うことができるものとする：920 MHz帯データ伝送用無線設備の例』

ここで送信アンテナと断っているのは，受信専用アンテナには電波法の規定がないからです．つまり，受信専用であればどのようなアンテナを用いてもよいということです．ただし，受信専用アンテナを別に設けることはコストや大きさの面で不利ですので，一つのアンテナを送受信で切り換えて使用することが多いです．

さて，（送受信）アンテナ・ゲインを上げると，送信側はEIRPの制限がありますが，受信側はゲインが上がったぶんだけ等価的に受信感度が上がります．つまり，アンテナ・ゲインを無制限に上げれば，計算上は無制限に通信距離を伸ばすことができます．ただし，アンテナ・ゲインを上げれば半値角が狭くなって通信範囲が限られます．コストの制限もありますので，極端にアンテナ・ゲインを大きくするのは困難です．

2.4 GHz無線LANの例では，20 dBiを越えるアンテナを利用して長距離通信を実現している例があります．

アンテナは無線局の一部であり，免許不要で使用するためにはアンテナ込みでの技適（あるいは認証）を受けた無線装置を入手しなければなりません．産業用に販売している無線機は，オプションで高ゲイン・アンテナを用意している場合もありますので，販売店やメーカに問い合わせてみてください．

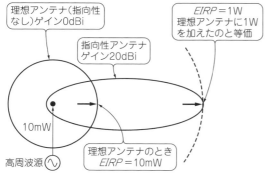

図A　EIRPの概念

表13 920 MHz帯の法規の概要

| 項 目 | 第四十九条の十四の七 | 第四十九条の十四の八 |
|---|---|---|
| 周波数 | 920.5 M〜928.01 MHz | 915.9 M〜929.7 MHz |
| 空中線電力 | 20 mW以下 | 1 mW以下 |
| 外部アンテナ | 使用可 | 使用可 |
| アンテナ利得 | 3 dBi以下．EIRP*が40 mW以下であれば3 dBi以上も可． | 3 dBi以下．EIRP*が2 mW以下であれば3 dBi以上も可． |
| チャネル周波数（チャネル間隔） | 920.6, 920.8, …, 928 MHz（200 kHz間隔） | 916, 916.2, …, 928 MHz（200 kHz間隔）928.15, 928.15, …, 929.65 MHz（100 kHz間隔） |
| 同時使用チャネル数 | 最大5チャネル（連続）（複数チャネルを使えば高速伝送が容易になる） | |
| 占有周波数帯幅 | 200 kHz×n　n：使用チャネル数1〜5 | 200 kHz×n/100 kHz×n　n：使用チャネル数1〜5 |
| 伝送内容 | データ信号（ディジタル化された音声や映像も可） | |
| 変調方式（電波形式） | 規定なし（BPSK，QPSK，DSSS，OFDMなど） | |
| キャリア・センス | 要 | 要（送信時間によっては不要） |
| 送信時間 | 基本的には連続4 s以下（条件ごとに詳細規定あり） | 同左．連続200 ms以下であればキャリアセンスなしでも可 |
| 隣接チャネル漏洩電力 | −15 dBm以下（単位チャネル当たり） | −26 dBm以下（単位チャネル当たり） |

＊EIRPについてはコラム3を参照

使用できますので，高速伝送が可能です．変調方式やプロトコルの制限がないので，いろいろな標準規格を適用できます．空中線電力が20 mW（小電力機器は10 mWが多い）と大きくなっていることと，アンテナ・ゲインに制限がない（EIRPで制限されている）ことは，通信距離を伸ばすのに有効です．

## 3. 無線通信のプロトコルと規格

無線システムが相互に通信できるためには，通信規格が同一である必要もあります．

そのため，表3で示したさまざまな標準規格が作られています．

### ■ IEEE標準規格

最近の高速無線データ無線通信システムはIEEE（The Institute of Electrical and Electronics Engineers, Inc. 米国電気電子学会）の標準規格に基づいているものが多いです．IEEE標準規格は世界各国からたくさんの技術者が参加して作成していますので，深く検討された実用性の高い規格となっています．世界標準なので機器の輸出入に便利です．

独自の規格を作ることも可能ですが，高度な通信システムの仕様を一から作り上げるには莫大な時間と費用がかかります．通信プロトコルは大規模なディジタル・アナログ混在回路とソフトウェアによって実現され，バグをまったくなくすのは困難なので，当初の評価試験だけでなく運用しながらの評価・デバッグを続けることになります．この面で，すでに評価されている世界標準規格を採用することが利点になります．

標準規格は世界中で使われるので，量産効果が期待できることから，高集積度の専用IC（チップ・セット）が開発されています．逆にいうと，チップ・セットが開発されない標準規格は普及しないともいえます．

最近は半導体メーカ（往々にしてファブレスのベンチャー）が開発したチップ・セットのプロトコルを標準化する傾向にあります．つまり，標準化された段階でチップ・セットの設計・試作が完成しており，即座に量産に移れる状態にあるということです．

当然ですが，世界標準に採用されたチップ・セットメーカが先行者利益を得られるので，各社が開発にしのぎを削っています．

### ■ 無線LANとIEEE 802.11，Wi-Fi

#### ● 無線LANとは

広義の無線LAN（Wireless Local Area Network）は，文字通りローカル・エリア（半径数十m〜数km程度の範囲）で使うディジタル・データ伝送のための無線ネットワーク・システムあるいはそれを構成する無線機器を指します．Wi-Fiや.11（ドット・イレブン，IEEE 802.11の省略形），無線LANなどと呼ばれることもあり，電波法上はデータ通信システムの無線局となります．

無線LAN，Wi-Fi，.11などの名称は必ずしも同じものを指さず，図5の関係にあります．とはいえ，多くの場合は，同じ意味にとってよいと思います．

#### ● 無線LANの規格

無線LANは，高速無線データ無線通信システムの中では最も早く標準規格化され，規格の改良・拡大を続けながらさまざまな用途に使われています．

無線LANの標準規格を表14に示します．標準規格

3. 無線通信のプロトコルと規格　　123

表14 無線LANの基本規格（プロトコル規格）
電波についての規格は日本国内であればARIB標準規格を参照する必要がある

| 規格 | 周波数帯 | 方式 | 帯域 | 伝送速度 | 備考 |
|---|---|---|---|---|---|
| 802.11 | 2.4 GHz | DSSS | 25 MHz | ～ 2 Mbps | |
| | | FHSS | 80 MHz | ～ 2 Mbps | |
| 802.11a | 5 GHz | OFDM | 20 MHz | ～ 54 Mbps | |
| 802.11b | 2.4 GHz | CCK | 25 MHz | ～ 11 Mbps | |
| 802.11g | 2.4 GHz | OFDM | 20 MHz | ～ 54 Mbps | |
| 802.11J | 4.9 GHz / 5.03 GHz | OFDM | 20 MHz | ～ 54 Mbps | 日本独自の登録局 |
| 802.11n | 2.4 GHz | OFDM - MIMO | 20 MHz | ～ 300 Mbps | |
| | | | 40 MHz | ～ 600 Mbps | |
| | 5 GHz | OFDM - MIMO | 20 MHz | ～ 300 Mbps | |
| | | | 40 MHz | ～ 600 Mbps | |
| 802.11ac | 5 GHz | OFDM - MIMO | ～ 160 MHz | ～ 6.93 Gbps | |
| 802.11ad | 60 GHz | SC | ～ 9 GHz | 4.6 Gbps | SC：Single Carrier |
| | | OFDM | | 6.8 Gbps | |

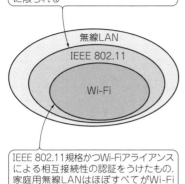

図5 無線LAN，IEEE802.11，Wi-Fiの関係

（吹き出し）かつては無線LANにいろいろなプロトコルがあったが，今はほぼIEEE 802.11に限られる

（吹き出し）IEEE 802.11規格かつWi-Fiアライアンスによる相互接続性の認証をうけたもの．家庭用無線LANはほぼすべてがWi-Fi認証を受けている

※1 帯域は概略の数値で，チャネル間隔と同じ．
※2 周波数は国・地域によって異なる．

には基本的なプロトコルの規定以外に多くの付加機能・拡張機能が規定されています．

　無線LANは，最初から高速大容量データ伝送を目的に規格化され，常に最新の技術を取り入れて最高速データ通信を目指してきました．そして今でも高速化の検討が続いており，免許不要局としては最も高速の標準規格として今後とも使われていくと思われます．

　無線LANが常に最速を保てたのは，最初に割り当てられた周波数がISM帯（Industry - Science - Medical，工業・科学・医療用の帯域）だったことも大きな要因だったと思います．ISM帯は原則として他の通信システムが存在しない帯域なので，新しい変復調方式（FHSS，DSSS，CCK，OFDM，MIMO）を採用しやすかったのです．

　リアルタイム動画像のような大容量データの伝送システムや，ホット・スポットのように同一場所で複数のユーザが帯域を分割使用するようなシステムには，まず無線LANの採用を検討すべきです．

● 無線LANの国内での割り当て周波数
　国内で，無線LANに使える周波数は2.4 GHz帯と5 GHz帯です．その帯域の割り当てのようすを図6に示します．

● 新しい無線LAN規格は周波数利用効率が高い
　広い周波数帯域を使用すれば比較的容易に高速伝送が可能です．しかし，一人のユーザが広い周波数帯域を独占してしまうと他の人が使えなくなってしまいます．つまり，狭い周波数帯域幅で高い伝送速度を得られるプロトコルが優れた方式といえます．この特性は周波数利用効率（周波数幅に対する伝送速度の比）で評価します．

　表15に無線LANの周波数利用効率を示します．あらゆる技術を使って高速化を図っている最新の規格802.11acでは43.3 b/Hzという高い周波数利用効率を実現しています．標準的なBluetoothやZigBeeが1 b/Hzあるいはそれ以下なのに比べ，その利用効率の高

表15 無線LANなどの周波数利用効率

| 規格 | 方式 | 無線変調 | チャネル幅 | 伝送速度 | 利用効率 | 備考 |
|---|---|---|---|---|---|---|
| 802.11 | DSSS | QPSK | 25 MHz | 2 Mbps | 0.08 b/Hz | − |
| 802.11a | OFDM | 64 QAM | 20 MHz | 54 Mbps | 2.7 b/Hz | − |
| 802.11b | 64 CCK | QPSK | 25 MHz | 11 Mbps | 0.44 b/Hz | − |
| 802.11g | OFDM | 64 QAM | 20 MHz | 54 Mbps | 2.7 b/Hz | − |
| 802.11n | 4 - MIMO | 64 QAM | 20 MHz | 300 Mbps | 15 b/Hz | 20 MHzシステム |
| 802.11n | 4 - MIMO | 64 QAM | 40 MHz | 600 Mbps | 15 b/Hz | 40 MHzシステム |
| 802.11ac | 8 - MIMO | 256 QAM | 80 MHz | 3.47 Gbps | 43.3 b/Hz | 80 MHzシステム |
| 802.11ac | 8 - MIMO | 256 QAM | 160 MHz | 6.93 Gbps | 43.3 b/Hz | 160 MHzシステム |
| Bluetooth | FHSS | $\pi/4$ DQPSK | 1 MHz | 1 Mbps | 1 b/Hz | − |
| Bluetooth | FHSS | 8 DPSK | 1 MHz | 3 Mbps | 3 b/Hz | オプション |
| ZigBee | DSSS | OQPSK | 5 MHz | 250 kbps | 0.05 b/Hz | − |

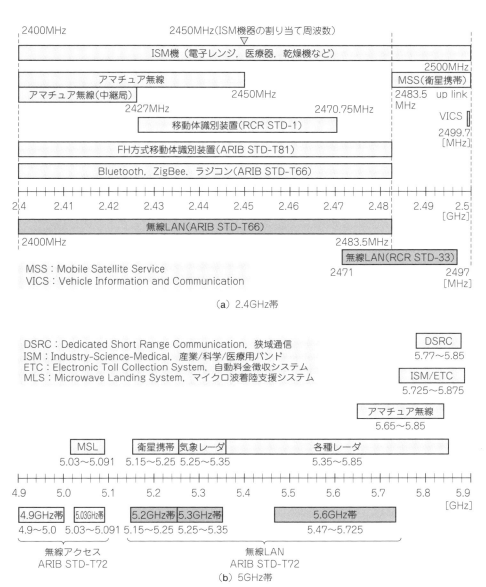

図6 日本国内で無線LANが使える周波数の割り当て

さが際だっています.

ただし,最近の無線LANは高い周波数利用効率を実現するために省電力特性を犠牲にしています.それに対して初期の規格(802.11b)は,周波数利用効率が低いのですが消費電力が小さく通信距離が長いので,今でも使われています.初期の規格が使われるのは802.11bに対応する半導体チップのIP(Intellectual Property,知的財産権)が安いので,複合チップ化しやすいという要因もあります.

■ BluetoothとBLE

● Bluetoothとは

ホテルなどの部屋の電話線ローゼットと携帯電話を統一された規格の無線回線で接続することを目的に,超小型,低消費電力の無線システムとしてBluetooth SIG(Special Interest Group)によって企画・開発されました.

パソコン周辺機器の無線化にも使われていますが,伝送速度はそれほど速くないので用途は限られます.

物理層はIEEE 802.15.1で規定されています.国内では2.4 GHz帯でFHSS方式を採用しており,電波法上は2.4 GHz帯無線LANとまったく同じ扱いです.規格の概要を表16に示します.

● 主な仕様

基本的には,伝送速度は1 Mbpsで,下り721 kbps,

表16 Bluetoothの主な仕様

| 項　目 | 仕　様 | 備　考 |
|---|---|---|
| 周波数帯 | 2.4 GHz | 2400 M ～ 2483.5 MHz |
| 送信電力* | 100 mW 以下 | クラス1：～ 100 mエリア |
|  | 10 mW 以下 | クラス2：～ 30 mエリア |
|  | 1 mW 以下 | クラス3：～ 10 mエリア |
| 変調方式 | FHSS | 1 MHz間隔79チャネルをホッピング |
| ホッピング速度 | 1600ホップ/s | ― |
| 無線変調方式 | GFSK | 1 Mbps |
|  | π/4DQPSK/8DPSK | 2 Mbps/3 Mbps |
| 伝送速度 | 1 Mbps | ～ Ver.1.2，Ver.4.0 |
|  | ～ 3 Mbps | Ver.2.0, Ver.2.1 |
|  | ～ 24 Mbps | Ver.3.0 |
| 誤り訂正 | FEC（レート1/3, 2/3）ARQ | FEC：Forward Error Correction<br>ARQ：Automatic Repeat-reQuest |

＊国内電波法では10 mW/MHz以下と電力密度で規定されている

表17 Bluetoothのバージョン

| バージョン | 主な特徴 |
|---|---|
| ver1.1 | ●最初の普及バージョン |
| ver1.2 | ●2.4 GHz帯を共用する無線LAN(11 g/b)との干渉対策(AFH：Adaptive Frequency Hopping)が盛り込まれる |
| ver2.0 | ●EDR(Enhanced Data Rate)に対応．オプションだがver1.2の約3倍のデータ転送速度(最大3 Mbps)を実現する |
| ver2.1 | ●ペアリングが簡略化される(2台の機器を接続するプロトコルの改良)<br>●マウスやキーボードのバッテリ寿命を最大5倍延長できるSniff Subrating機能(＝省電力モード)が追加される |
| Ver3.0 | ●無線LAN規格IEEE 802.11のMAC/PHY層を利用することでデータ転送速度最大24 Mbpsを実現(オプション)<br>●電力管理機能を強化し，省電力化を向上 |
| Ver4.0 | ●大幅な省電力化を実現する低消費電力モード(BLE：Bluetooth Low Energy)に対応<br>●既存のバージョンとの接続性がない(実際には2種類のハードで対応)<br>●セキュリティの強化：AES(Advanced Encryption Standard)暗号化方式を採用 |

上り57.6 kbpsに使い分けています．このほか4 kbpsの音声専用チャネルも別途三つ確保されています．

**表17**に示すようなバージョンがあります．バージョンによっては，オプションで伝送速度3 Mbpsに，さらには24 Mbpsに拡張可能です．

通信距離は，室内で最大10 m程度を想定していますが，規格上は高出力(最大空中線電力100 mW)のものも可能で，無線LANと同じく100 m以上の通信距離も確保できます．しかし，高出力にすると消費電力が増大して小型・低消費電力の特徴がなくなってしまいますので，実際の製品の空中線電力は10 mWまたはそれ以下の出力となっているようです．

無線LANに比べて速度や通信距離の点で劣るものの，簡単にネットワークを構築できる使いやすさや携帯電話に載せることを前提とした省電力設計など，小型携帯機器に適した多くの利点があります．Bluetoothチップを搭載しているデバイスや機器の種類の多さも，Bluetoothがたくさん使われる理由の一つでしょう．

● **プロトコルはBluetoothプロファイルで決められている**

Bluetoothの応用システムや機器に合わせてプロファイルと呼ばれる標準的なプロトコルが用意されています．Bluetooth SIGによって標準プロファイルが策定されているほか，Bluetooth利用機器メーカやユーザが独自のプロファイルを提供することもできます．

当然ですが，異なる機器間での通信をスムーズに行うためにはプロファイルの策定規約を明確に決めておかなければなりません．しかし，あまりに細かな規約だと新たなプロファイルを作りにくいという欠点も生じます．実際に一企業が独自のBluetoothプロファイルを作るのは大変だということです．

● **低消費電力の拡張規格Bluetooth Low Energy(BLE)**

Bluetoothはもともと低消費電力なのですが，さらに低消費電力のBLE規格がBluetooth SIGによって策定されています．低消費電力のZigBeeを意識したものと思われます．セキュリティも強化され，無線LANでも使われているAES(Advanced Encryption Standard)暗号化方式を採用しています．

BLEはVer.4.0に位置づけられますが，前のバージョンとの互換性(後方互換)がありません．そのため，チップセットに両バージョンの機能を内蔵して，どちらのバージョンでも使用できるようにしています．

## ■ ZigBee

● **ZigBeeとは**

天井灯の無線遠隔操作や，窓の鍵(錠前)の開閉監視用としてZigBee Allianceで企画・開発されました．物理層はIEEE 802.15.4で規定されており，Bluetoothよりも小型で低消費電力が売りです．ネットワーク・トポロジーとして，**図7**のスター，ツリー，メッシュの三つをサポートしており，ネットワークを構成するノード(無線局)は，コーディネータ(ZC)，ルータ(ZR)，エンド・デバイス(ZED)に分類されます．

● **主な仕様**

物理層の仕様を**表18**に示します．通信方式はDSSSを採用しています．伝送速度は最大250 kbps(2.4 MHz

 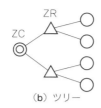 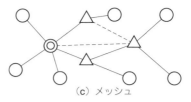

（a）スター　　　　　　（b）ツリー　　　　　　　　　　（c）メッシュ

図7　ZigBeeの端末同士の接続形態（ネットワーク・トポロジー）

#### 表18　ZigBeeの物理層仕様

ZigBeeの物理層仕様IEEE 802.15.4-2003のうち，国内で使用可能な2.4 GHz帯の仕様を抜粋

| 項　目 | 規　格 | 備　考 |
|---|---|---|
| 周波数 | 2400 M ～ 2483.5 MHz | 海外では800 M/900 MHz帯もあり |
| チャネル間隔 | 5 MHz | 4205 M ～ 2480 MHzの16チャネル |
| 変調方式 | DSSS | － |
| 無線変調方式 | O-QPSK | offset QPSK |
| 伝送速度 | 250 kbps | － |
| シンボル・レート | 62.5 ksps | － |
| チップ・レート | 2 Mcps | － |
| 拡散符号長 | 32 ビット | － |
| 空中線電力 | 10 mW/MHz 以下 | 実際の製品は1 mW以下が多い |

方式の場合）と低速で，想定通信距離も30 m程度と短いのですが，乾電池で数年間（動作形態によって異なる）の動作が可能なほど消費電力が少ないという特徴を持ちます．また，複数（最大64000）の通信拠点をメッシュ・ネットワークで結ぶことができます．

現在，ZigBeeの仕様として，ZigBee Feature SetとZigBee PRO Feature Setの二つがあります．

前者ではネットのノードの最大数やショート・アドレスなどをあらかじめ定義し，それをもとにネットワークを構築します．

後者ではランダムにショート・アドレスを割り当てますので，ネットワーク構築が容易です（ツリー構造には対応していない）．ただし，アドレス重複割り当ての可能性があり，アドレス衝突検知で対応しています．

ちなみにZigBeeデバイスにはあらかじめ64ビット（180億の1億倍）のユニークなアドレス（拡張アドレス）が振られていますが，動作の際は16ビットのショート・アドレスを使用しています．

● ZigBeeプロファイル

ZigBeeの応用システムや機器に合わせてプロファイルと呼ばれる標準的なプロトコルが用意されています（表19）．ZigBee Allianceによって標準プロファイルが策定されているほか，ZigBee利用機器メーカやユーザが独自のプロファイルを提供することもできます．

Bluetoothと同じ考え方ですが，後発のZigBeeではプロファイル策定基準を緩くして作りやすくしています．

---

### ネットワークのカバー・エリアによる分類　　　　Column 4

ネットワークは，カバー・エリアによって表Aのような名称が付けられています．

無線LANは，文字どおり，LANをワイヤレス化したものです．BluetoothやZigBeeはPANに位置付けられています．ただし，明確な境目や使い分けが決められているわけではありません．例えば，無線LANといいながら，数十kmの距離で通信していることもあります．

表A　ネットワークのカバー・エリアによる分類

| 略称 | 名称 | 通信距離 | 備考 |
|---|---|---|---|
| BAN | Body Area Network | ～1 m | 身につけた機器間 |
| PAN | Personal Area Network | ～数 m | 身の回りの機器間 |
| CAN | Controller Area Network | ～数 m | 車載機器間，車内 |
| CAN | Campus Area Network | ～数百 m | 大学構内など |
| LAN | local area network | ～数百 m | |
| MAN | Metropolitan Area Network | ～10 km | 市街地全域 |
| RAN | Regional Area Network | ～数十 km | 地方域 |
| WLAN | Wide Area Network | ～数十 km～ | LANより広いエリア |
| GLAN | Global Area Network | 数千 km | 地球規模 |

表19 代表的なZigBeeプロファイル

| プロファイル名 | 内容 |
|---|---|
| スマート・エナジ(SE) | 電力・水道・ガスなどのエネルギの監視制御のための相互接続可能なプロファイル．用途として，メータ・サポート，デマンド・レスポンス，プライシング，テキスト・メッセージ，セキュリティを想定している |
| リモート・コントロールRF4CE | 省電力で簡単に使えるRFリモコン通信のプロファイル．赤外線の置き換えとして，双方向通信，長距離通信，バッテリの長寿命化を実現する．用途として，HDTV，ホームシアタ，set-top box，その他オーディオなどの民生機器を想定している |
| ホーム・オートメーション(HA) | スマート・ホームを可能にする相互接続可能なプロファイル．用途として，制御デバイス，ライト，環境，エネルギ管理，セキュリティを想定している |
| 在宅健康管理(HC) | クリティカルではないヘルス・ケア・サービスをターゲットとしたプロファイル．用途として，高齢者支援，慢性疾患管理，運動機器を想定している |
| テレコム(TA) | モバイル機器通信のためのプロファイル．用途としては，情報デリバリやモバイル・ゲーム，ロケーション・ベース・サービス，モバイル・ペイメント/広告を想定している |
| リテイル・サービス | 買い物とデリバリを監視制御するプロファイル．用途として，従業員のハンドセット，カスタマのハンドセット，ショッピング・カート・シェルフ・タグ，その他センサを想定している |

出展：ZigBee SIGジャパンのウェブ・ページ，http://www.zbsigj.org/

## ■ 無線LANプロトコルを流用したIEEE規格

### ● 無線LANプロトコルの利点

常に最新・最速のプロトコルを採用しながら発展してきた無線LANは高速無線データ通信に最も適した規格です．そのため，多くのユーザに使われています．高速無線LAN用に広い周波数を解放してきた全世界的な電波行政も，その後押しをしていると思います．

その良さは高速性だけではありません．アクセス制御方式や誤り制御方式，データの等価性，高度な暗号化，高マルチパス耐性など多くの優れた機能・特性を有しています．そこで，これらの利点を他の通信システムに展開しようとする動きがあります．

他の通信システムでは必ずしも豊富な周波数幅を使えるわけではありませんので，チャネル間隔や占有帯域幅を縮小して対応します．もちろん，高速性が多少犠牲になりますが，それを差し引いても十分なメリットが得られるという判断です．

無線LANの基本的なチャネル間隔は20 MHzで，これまでは高速化をねらってチャネル間隔を広げる方向(20 MHz→40 MHz→80 MHz→180 MHz)で規格化してきました．他の通信システムに流用する場合は，逆にチャネル間隔を狭める方向で規格化が進んでいます．無線LANの変復調回路はDSP(Digital Signal Processing)を採用しているので，動作クロック速度を下げるだけでチャネル間隔や占有帯域幅を縮小できます．具体的には20 MHz→10 MHz→5 MHz→2.5 MHz→1.25 MHzと1/2ずつ下げています．

### ● IEEE 802.11p(策定中)：交通関連用

車々間通信や路車間通信に無線LANプロトコルを使用するための規格で，5 GHz帯のIEEE 802.11a規格を元にしてチャネル間隔を1/2あるいは1/4にしています．物理層仕様を表20に示します．

最高伝送速度も1/2あるいは1/4になりますが，同じ送信電力であれば通信距離を伸ばせます．ガード・タイムが2倍あるいは4倍と長くなるので，遅延時間の長いマルチパスにも対応できます．

### ● IEEE 802.11af(策定中)：ホワイト・スペース用

地上波テレビ向けの周波数帯470 M～710 MHzのホワイト・スペースで無線LANを利用するための規格です．ここでいうホワイト・スペースとは，地域や時間帯によって使用されていない周波数帯を意味します．物理層仕様の一案を表21に示します．

表20 交通関連用無線規格IEEE 802.11p(策定中)の物理層仕様

| 項目 | 802.11a(参考) | 802.11p 10 MHz | 802.11p 5 MHz |
|---|---|---|---|
| チャネル間隔 | 20 MHz | 10 MHz | 5 MHz |
| 周波数帯 | 5 GHz | 5 GHz(700～900 MHzへの展開も想定) | |
| 伝送速度 [Mbps] | 6, 9, 12, 18, 24, 36, 48, 54 | 3, 4.5, 6, 9, 12, 18, 24, 27 | 1.5, 2.25, 3, 4.5, 6, 9, 12, 13.5 |
| 変調方式 | OFDM | | |
| 無線変調方式 | BPSK, QPSK, 16QAM, 64QAM | | |
| サブキャリア | 52波 | | |
| シンボル間隔 | 4 μs | 3 μs | 16 μs |
| ガード・タイム | 0.8 μs | 1.6 μs | 3.2 μs |
| 訂正レート | 1/2, 2/3, 3/4, 1/2, 2/3, 3/4 | | |

表21 ホワイト・スペース用無線規格IEEE802.11af（策定中）の物理層仕様

5 MHzシステムを使用すると仮定

| 項　目 | 内　容 | 備　考 |
|---|---|---|
| チャネル間隔 | 6 MHz | |
| 周波数帯 | 470 M～710 MHz | 計40チャネル |
| 伝送速度[Mbps] | 1.5, 2.25, 3, 4.5, 6, 9, 12, 13.5, 27 | |
| 変調方式 | OFDM | |
| 無線変調方式 | BPSK, QPSK, 16QAM, 64QAM, 256QAM | |
| サブキャリア | 52波 | |
| シンボル間隔 | 16 μs | |
| ガード・タイム | 3.2 μs | |
| 訂正レート | 1/2, 2/3, 3/4, 1/2, 2/3, 3/4 | |

日本の場合は470 M～710 MHzの間に6 MHz間隔で40チャネルが割り当てられていますが，同一地域ですべてのチャネルを使っているわけではありません．例えば，東京都内では9波しか使っていません．しかし，ローカル局や中継局があるので，関東全域で考えると使われていないチャネルはほとんどありません．それでも，距離や地形などで分離できるホワイト・スペースがあります．

無線LANで使っている2.4 GHz帯や5 GHz帯に比べて低い周波数帯なので，長距離通信が可能であり，障害物の後ろ側へも電波が回り込みやすくなります．

大きな課題は，商用放送に干渉を与えないようにしなければならないので，隣接チャネル漏洩電力を厳しく制限されそうな点です．ある場所がホワイト・スペースであることをどうやって検知するかも，大きな課題です．無線局がチャネルを使用前にその地の電波の状態を監視する方式，あるいはあらかじめ地域・時間帯のデータベースを構築し，無線局がチャネルを使用前にデータベースにアクセスして実行可能かどうかを調べる方式などが提案されています．

● IEEE 802.11ah：センサ・ネットワーク

無線LANは高速データ伝送を得意としていますが，メッシュ・ネットワーク（IEEE 802.11sなど）機能も持っており，その多様性を利用してセンサ・ネットワークにも利用されてきました．しかし，2.4 GHz帯や5 GHz帯は波長が短く，電波障害物の影響など通信距離を伸ばすことが困難です．一カ所当たりのデータ量が少ないシステムに展開するのは，回路規模が大きく消費電力の面で不利でした．

今後，スマートグリッドの普及とともにセンサ・ネットワークの需要が見込まれます．そこで，比較的波長の長い920 MHz帯で無線LANプロトコルを動作させるIEEE 802.11ah規格を検討中です．おそらく，動作クロック速度を下げて占有帯域幅を縮小し伝送速度を下げることと，スリープ・モードなどの電力マネージメントを強化した規格になると思われます．

## 4. 無線・高周波に不可欠のdB表記のいろいろ

dB（デシベル）は，基本的には二つの値の比を示す値ですが，接尾辞を付けてさまざまな使われ方をします．代表的なdB表記の単位を表22に示します．

● 開放端電圧と終端電圧

dBμは開放端電圧$1\ \mu V_{EMF}$を$0\ dB\mu$とした電圧な

表22 いろいろなdB表記

| 単　位 | サフィックス | 意味，基準 | 主な用途 |
|---|---|---|---|
| dB | (deci Bell) | 比1を0 dBとした相対値 | 汎用 |
| dB | (deci Bell) | 1 kHzの最低可聴音を0 dBとし，周波数補正した絶対値 | 音響分野，雑音測定 |
| dBc | dB career | キャリア・レベルを0 dBcとした相対値 | 伝送回線，無線回線 |
| dBO | dB output | 基準出力レベルを0 dBOとした相対値 | 伝送回線 |
| dBd | dB dipole | 1/2波長ダイポール・アンテナ・ゲインを0 dBdとしたアンテナ・ゲイン | アンテナ・ゲイン |
| dBi | dB isotropic | 理想アンテナ・ゲインを0 dBiとしたアンテナ・ゲイン | アンテナ・ゲイン |
| dBm | dB milliwatt | 1 mWを0 dBmとした電力（絶対値） | 汎用 |
| dBs (dBu) | dB signal | 600 Ω 1 mWの電圧（約0.77 V）を0 dBsとした電圧（絶対値） | 低周波回路 |
| dBSPL | dB Sound Pressure Level | 音圧$2 \times 10^{-5}$ Paを0 dBとした音圧レベル（絶対値） | 音響分野 |
| dBμ | dB microvolt | 開放端電圧$1\ \mu V$（$1\ \mu V_{EMF}$と書く）を$0\ dB\mu$とした電圧（絶対値） | 無線回線（UHF帯以下） |
| dBV | dB volt | 1 Vを0 dBVとした電力（絶対値） | 低周波回路 |
| dBW | dB watt | 1 Wを0 dBWとした電力（絶対値） | 汎用（大電力回路） |
| dBkW | dB kilowatt | 1 kWを0 dBkWとした電力（絶対値） | 汎用（特大電力回路） |
| dBf | dB field | 電界強度$\mu V/m$を0 dBfとした電圧（絶対値）．$0\ dBf = 1\ \mu V/m = 0\ dB\mu V/m$． | 特定の分野（放送関係）で使用 |
| dBt | dB terminal | 終端電圧$1\ \mu V$（$1\ \mu V_{PD}$と書く）を0 dBtとした絶対値．$0\ dBt = +6\ dB\mu EMF = -107\ dBm$（50Ω系） | 特定の分野（放送関係）で使用 |

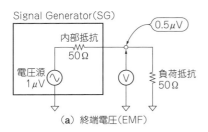

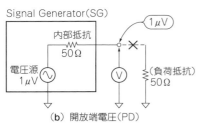

**図8** 高周波では終端状態を指定しないと値が定まらない

**表23** 電力とdBmやdBμの関係

| 電力 | | 50 Ω系 | | | 75 Ω系 | | |
|---|---|---|---|---|---|---|---|
| | | 電圧 | 開放端 | 終端 | 電圧 | 開放端 | 終端 |
| W | dBm | $V_{PD}$ | $dB\mu_{EMF}$ | $dB\mu_{PD}$ | $V_{PD}$ | $dB\mu_{EMF}$ | $dB\mu_{PD}$ |
| 100 kW | 80 | 2236 V | 193 | 187 | 2737 V | 195 | 189 |
| 10 kW | 70 | 707 V | 183 | 177 | 866 V | 185 | 179 |
| 1 kW | 60 | 223 V | 173 | 167 | 274 V | 175 | 169 |
| 100 W | 50 | 70.7 V | 163 | 157 | 86.6 V | 165 | 159 |
| 10 W | 40 | 22.4 V | 153 | 147 | 27.4 V | 155 | 149 |
| 1 W | 30 | 7.07 V | 143 | 137 | 8.66 V | 145 | 139 |
| 100 mW | 20 | 2.24 V | 133 | 127 | 2.74 V | 135 | 129 |
| 10 mW | 10 | 707 mV | 123 | 117 | 866 mV | 125 | 119 |
| 1 mW | 0 | 224 mV | 113 | 107 | 274 mV | 115 | 109 |
| 100 μW | −10 | 70.7 mV | 103 | 97 | 86.6 mV | 105 | 99 |
| 10 μW | −20 | 22.4 mV | 93 | 87 | 27.4 mV | 95 | 89 |
| 1 μW | −30 | 7.07 mV | 83 | 77 | 8.66 mV | 85 | 79 |
| 100 nW | −40 | 2.24 mV | 73 | 67 | 2.74 mV | 75 | 69 |
| 10 nW | −50 | 707 μV | 63 | 57 | 866 μV | 65 | 59 |
| 1 nW | −60 | 224 μV | 53 | 47 | 274 μV | 55 | 49 |
| 100 pW | −70 | 70.7 μV | 43 | 37 | 86.6 μV | 45 | 39 |
| 10 pW | −80 | 22.4 μV | 33 | 27 | 27.4 μV | 35 | 29 |
| 1 pW | −90 | 7.07 μV | 23 | 17 | 8.66 μV | 25 | 19 |
| 100 fW | −100 | 2.24 μV | 13 | 7 | 2.74 μV | 15 | 9 |
| 10 fW | −110 | 707 nV | 3 | −3 | 866 nV | 5 | −1 |
| 1 fW | −120 | 224 nV | −7 | −13 | 274 nV | −5 | −11 |
| 100 aW | −130 | 70.7 nV | −17 | −23 | 86.6 nV | −15 | −21 |
| 10 aW | −140 | 22.4 nV | −27 | −33 | 27.4 nV | −25 | −31 |
| 1 aW | −150 | 7.07 nV | −37 | −43 | 8.66 nV | −35 | −41 |

ので,実際にSGなどから負荷に取り出せる電圧(終端電圧)は,開放端電圧の1/2になります(**図8**).

高周波であれば終端せずに使うことは考えられないのに,わざわざ開放端電圧の表記にしているのは,電波法(施行規則第二条の九十一)で「受信機入力電圧は開放端で表記すること」とされているからです.ところが,海外では同じdBμを終端電圧で表しています.両者で6 dBの差が出ますので,輸出入時の無線機の仕様書を読むときなどには注意が必要です.

● してはいけないdB平均

測定データの平均値が必要なときがあります.多くの測定器はdB表記(例えば,受信電力の測定値はdBm)で出力します.

このdBで表された数値をdBのまま算術平均(データの総和÷データ個数)すると,目的の平均値が得られません.dB値の和を取ることは,真数の積になってしまうからです.必ず真数に直してから平均化し,その結果をdB表記に戻してください.測定データがdBで表記されていると,ベテラン技術者でもついついそのまま算術平均してしまいがちですので気をつけましょう.

● 電力とdBm, dBμの関係

dBmは電力の対数表記なので,負荷抵抗値が違っても数値は変わりませんが,dBμは電圧の対数表記なので負荷抵抗値によって数値が変わってしまいます.さらにdBμは開放端電圧(EMF:Electro Motive Force)と終端電圧(PD:Potential Drop)が明記せずに混在しています.各数値の換算には十分な注意が必要です.換算表を**表23**に示します.

## 5. 電波伝搬のメカニズムと計算
### 伝送中の損失から通信距離の目安まで

### ■ 送信電力と受信電力の関係

● 電波が空間を伝わるときの損失

電波に対する障害物や反射物がない真空中で,ゲイン0 dBiの送受信アンテナ間で電波を送信したときの信号の減衰量を自由空間損失といいます.自由空間損失のグラフを**図9**に示します.

電波は空間を広がりながら進むので,距離の2乗に比例して損失が増えます.

空気中でもほぼ同じ結果を得られますが,周波数が高くなると空中の水蒸気分子や酸素分子などの影響で

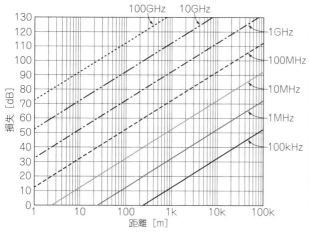

図9 電波の自由空間での損失

※1 このグラフは自由空間損失 $\Gamma_0$ [dB]の計算式(フリスの伝達公式)による．
$$\Gamma_0 = 10 \times \log\left(\frac{4\pi D}{\lambda}\right)^2 = 20 \times \log\left(\frac{4\pi D}{\lambda}\right)$$
ただし，$\lambda$：波長[m]＝$3 \times 10^8/f$，$D$：送受信アンテナ間距離[m]

※2 計算式上は，周波数の2乗に比例(波長の2乗に半比例)して損失が増えるように見えるが，これはゲイン0dBiのアンテナは周波数が低いほど寸法が大きくなるからである

※3 計算式上は，低い周波数で距離が短くなると損失が0dB以下(つまりゲインがある状態)になってしまう．これは，距離(送受信アンテナ間隔)に対して0dBiのアンテナの大きさが無視できなくなるからで，この範囲ではこの公式は適用できない

自由空間損失より大きな損失になります．

● 送信電力と電界強度，受信電力の関係

自由空間であるアンテナから別のアンテナに電波を送信したとき，電界強度や受信電力がどのような関係になるのか，理論値を図10に示します．

● 電界強度と受信電力の関係

ゲイン0 dBiのアンテナにおける電界強度と受信電力の関係を図11に示します．

■ 電波が伝わるのに必要な空間

● 自由空間を伝わるとみなせるときの空間…フレネル・ゾーン

電波は波動エネルギであり，アンテナ間を伝わるためには波長に比べてある程度の大きさの空間が必要です．その広がりを表すものがフレネル・ゾーンです．送信アンテナからの距離に対する1次フレネル・ゾーンの半径を図12に示します．

1次フレネル・ゾーンを確保すれば，おおむね自由空間での伝搬損失として扱えます．

● 送信アンテナから受信アンテナが見通せる地上高

高い周波数の電波は直進性が強く，送受信アンテナ間の見通しを確保するのが原則です．アンテナ間の距離が長くなると，地球の丸みがじゃまをして見通し条件を得られなくなります．アンテナの高さを高くすると見通し距離が長くなります．

図13は，ある標高のアンテナから見た水平線までの距離を示しています．例えば，送信アンテナ高を30 m，受信アンテナ高を5 mとしたときの水平線までの距離はそれぞれ22 kmと9 kmですから，見通し距

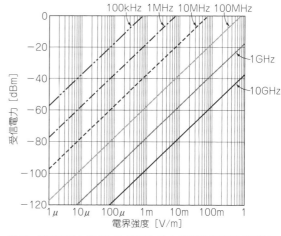

図11 電界強度とゲイン0 dBiアンテナが受信する電力の関係

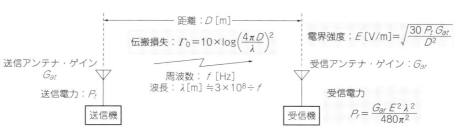

図10 送信電力，電界強度，受信電力の関係

5. 電波伝搬のメカニズムと計算 131

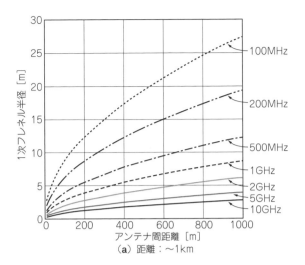

(a) 距離：〜1km

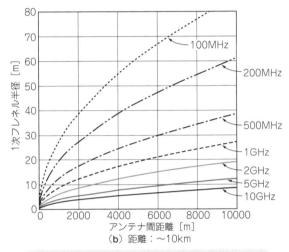

(b) 距離：〜10km

■ 計算式

$$r_n = \sqrt{\frac{n \lambda d_1 d_2}{d_1 + d_2}}$$

ただし，$n$：次数，$d_1$, $d_2$：それぞれのアンテナまでの距離[m]，$\lambda$：波長[m]

図12 電波が伝わるときの空間への広がりを示すフレネル半径

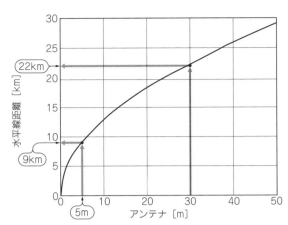

図13 アンテナの地上高と得られる見通し距離の関係

離は31 kmとなります．

地球上の電波は空気の密度が高度によって変わることから，わずかに下方に曲がります．ここで，地球の半径が増加したと仮定すれば，電波が直進するように図示できます(図14)．一般には地球半径が4/3倍(等価地球半径係数という)になったとして計算します．

■ 大気上空にある電離層の影響

地球を取り巻く大気の上層部にある分子や原子の一部は，太陽光線やX線などの宇宙線により電離(イオン化)しています．その領域を電離層と呼びます．この領域は，電波を反射したり透過したりします．反射するか透過するかは，電子密度や電波の周波数によって変わります．

電離層は図15のように層状に分布し，記号で区別されています．昼間と夜間では太陽からの宇宙線の到達量が異なるので，層構成や電子密度が異なります．

周波数帯によって電離層の影響がどのように違うのかを表24に示します．

■ 免許不要局の通信距離

免許不要局のほとんどは空中線電力10 mW以下ですので，通信距離はそれほど長くありません．通信距

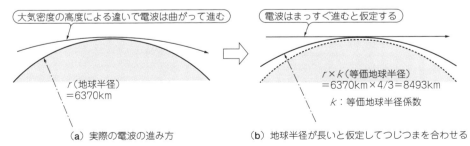

(a) 実際の電波の進み方　　(b) 地球半径が長いと仮定してつじつまを合わせる

図14 大気密度の違いにより電波が曲がるぶんを補正する等価地球半径係数の考え方

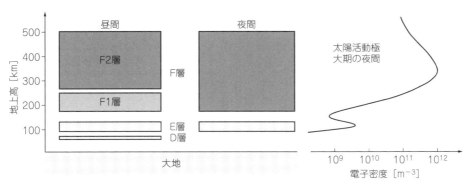

図15 電離層の構成

表24 電波周波数による電離層の影響の違い

| 周波数帯 | 特性 |
|---|---|
| 超長波(3 k〜30 kHz)以下 | 電離層を通過する |
| 長波(30 k〜300 kHz) | D層(昼間)あるいはE層(夜間)で反射する |
| 中波(300 k〜3000 kHz) | E層で反射するが，D層は減衰しながら通過する．そのため，D層が存在する昼間より夜間のほうが遠くまで電波が到達しやすい |
| 短波(3 M〜30 MHz) | D層・E層を通過しF層で反射する．昼と夜でF層の状態が異なるので伝わり方も変わる |
| 超短波(30 M〜300 MHz) | 電離層を通過する．ただし，スポラディックE(通称Eスポ)が発生すると100 MHz程度までの電波を反射することがある．スポラディックE層(Sporadic E layer)とは上空約100 km付近に局地的かつ突発的に発生する電子密度が極めて高い電離層をいう |
| 極超短波(300 M〜3000 MHz)以上 | 電離層を通過する．ただし，通過中は伝播速度がわずかに遅くなるので，GPSのような即位システムでは測位誤差が発生する |

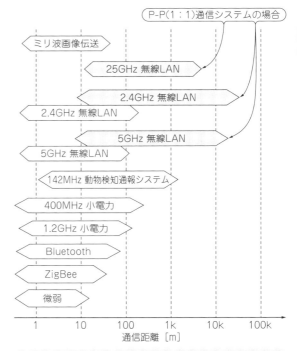

通信距離は空中線電力，アンテナ・ゲイン，伝送速度，地形や障害物，干渉の有無などで大きく変わるので，大まかな目安とする

図16 免許不要局の通信距離の目安

離の目安を図16に示します．

● 1：1通信なら通信距離を伸ばせる場合がある

　無線LANを代表とする一部の機種は空中線電力が電力密度(帯域1 MHz当たりの電力)で規定されています．例えば，10 mW/MHzと規定されている場合，電波の占有周波数帯幅が10 MHzのときには計算上の空中線電力は100 mWになります．

　さらに，無線LANを代表とする一部の機種は外部アンテナの利用およびゲイン(上限規定あり)のあるアンテナを利用可能です．

　そのため，一般的な使い方ではありませんが，1：1の通信であれば，許容不要局でありながら10 kmを越える通信距離で高速データ通信を行うことができます．

● 小電力無線局の上限電力は上がったが…

　小電力無線局の上限空中線電力は10 mWでしたが，2011年3月に1Wまで許容されるようになりました．かといって，これまでの無線局が1Wを出してよいとは限りません．もし，これまで割り当てられていた周波数帯に新たに1Wの無線機が導入されると，それまでの10 mWに限定されていたユーザは圧倒的に不利になってしまうからです．そのため，1Wが許されるのは，新しく割り当てられる周波数帯，あるいは割り当てられてからの経過時間が少なく，増力しても混乱を生じない周波数帯に限られます．2013年9月の時点で最大の1Wまで許容されているのは『動物検知通報システム』だけです．

■ 通信特性のトレードオフ

　無線通信特性には送信電力と通信距離のように比例関係にあるものと，伝送速度と通信距離のように逆比

表25 通信性能のトレードオフ

| 項　目 | 比例関係 |
|---|---|
| 伝送速度と通信距離 | ● 伝送速度が2倍になると通信距離は$1/\sqrt{2}$になる<br>● 通信距離が2倍になると伝送速度は1/4になる |
| 送信電力と通信距離 | ● 送信電力が2倍になると通信距離は$\sqrt{2}$倍になる<br>● 通信距離が2倍になると送信電力は4倍必要 |
| アンテナ・ゲインと通信距離 | ● 送受信点双方のアンテナ・ゲインが2倍(3 dB)になると通信距離は2倍になる<br>● 送信点あるいは受信点の一方だけのアンテナ・ゲインが2倍(3 dB)になると距離は$\sqrt{2}$倍になる |
| 受信感度と通信距離 | ● 受信感度が3 dB上がると通信距離は$\sqrt{2}$倍 |
| 周波数と通信距離<br>（アンテナ・ゲインが同じ） | ● 周波数が2倍になると通信距離は1/2になる<br>● 同じ利得のアンテナを比べると周波数が高くなると寸法が小さくなる |
| 周波数と通信距離<br>（アンテナ面積が同じ） | ● アンテナの有効面積（概ね寸法に比例）が同じであれば，周波数の高低は通信距離に影響しない |

例関係にあるものがあります．逆比例関係にある項目はどちらの特性を優先するか，つまりトレードオフを考慮しなければなりません．

送信電力と通信距離のように，特性上は比例関係にあっても，コスト，消費電力の制限，さらに法規上の規制もあるので，やはりトレードオフを考慮しなければなりません．

免許不要の無線局は特に空中線電力が小さいなどの法規制がきついので，何を優先するかを明確にしてからシステムを設計する必要があります．

**表25**に，トレードオフ項目以外のパラメータは同一としたときの関係（自由空間で計算）を示します．実際の動作環境は自由空間でないので数値通りにはいきませんが，設計や運用上の目安になると思います．

例えば，通信距離を伸ばすためには，送信電力，アンテナ・ゲイン，受信感度のどれかを上げる方法だけでなく，伝送速度を必要十分にまで下げるのも有効な方法です．最近の無線通信プロトコルでは，短距離通信では高速伝送，長距離通信では低速伝送と，複数の伝送速度を切り替えて使用できる方式が多くなっています．

## 6. 高周波測定
### 雑音や負荷インピーダンスの影響から同調周波数まで

### ■ 雑音の影響

#### ● S/Nの測定

S/N（Signal to Noise ratio）は，**図17**の測定回路における信号レベル$P_S$と雑音レベル$P_N$の比で，以下の式で計算できます．

$$S/N_{true} = \frac{P_S}{P_N}$$

S/Nを計算するためには信号レベル$P_S$と雑音レベル$P_N$を測定する必要があります．信号をOFFにすれば雑音レベルだけを測れますが，しかし，雑音をOFFできないので信号だけを測定するのは困難です．少なくても熱雑音をなくすことはできません．そのため，実際の測定時のS/Nは以下の式のようになります．

$$S/N_{prac} = \frac{P_S + P_N}{P_N}$$

S/Nがある程度高い場合は，信号レベルの中の雑音を無視できますが，S/Nが低い場合は無視できなくなり，**図18**に示すように真のS/Nと測定S/Nの差が大きくなります．入力信号レベルの低い無線受信機のS/Nを正確に測定するときには，このレベル差に注意が必要です．

#### ● 熱雑音による限界

熱雑音は物体の分子運動から発生するもので，温度がある限りなくすことはできません．温度が高い（分子運動が激しい）ほど高い周波数成分が含まれるようになります．電波の周波数範囲（～3 THz）であればフラットな周波成分の雑音（白色雑音）として扱えます．

受信機の入力としての熱雑音$P_N$［W］は次式で計算できます．

$$\begin{aligned}P_N &= 10 \times \log(kTB_{WR})\ [\mathrm{W}] \\ &= 10 \times \log(kTB_{WR}) + 30\ [\mathrm{dBm}]\end{aligned}$$

ただし，$k$：ボルツマン定数 $= 1.38 \times 10^{-23}$［J/K］，$T$：動作温度［K］，$B_{WR}$：等価受信帯域幅［Hz］．

**図19**は，動作温度290 Kのときの等価受信帯域幅と熱雑音の関係を示します．例えば，等価受信帯域幅10 kHzのときは134 dBmの熱雑音が存在し，これより小さなレベルの信号は受信困難です．

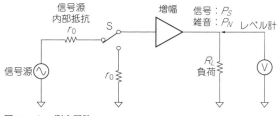

図17　S/N測定回路

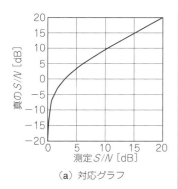

| 測定$S/N$ | 真の$S/N$ |
|---|---|
| 0dB | $-\infty$dB |
| 0.5dB | $-9.14$dB |
| 1dB | $-5.87$dB |
| 2dB | $-2.33$dB |
| 3dB | $-0.02$dB |
| 4dB | 1.80dB |
| 5dB | 3.35dB |
| 6dB | 4.74dB |
| 7dB | 6.03dB |
| 8dB | 7.25dB |
| 9dB | 8.42dB |
| 10dB | 9.54dB |
| 15dB | 14.86dB |
| 20dB | 19.96dB |
| 25dB | 24.99dB |
| 30dB | 30.00dB |
| 40dB | 40.00dB |
| 50dB | 50.00dB |

（a）対応グラフ

（b）対応表

図18　測定$S/N$である$S/N_{prac}$と真の$S/N$である$S/N_{true}$の変換

ちなみに，熱雑音は動作温度290 K（約17℃）で計算するのが一般的ですが，受信機の動作温度が変われば熱雑音電力も変わり受信感度が変化します．例えば，動作温度400 K（約＋127℃）では約＋1.4 dB（感度が下がる），200 K（約－73℃）では約－1.6 dB（感度が上がる）変化します．

## ■ 負荷インピーダンスの影響

### ● 負荷インピーダンスとSWR，反射係数，進行電力比（50 Ω系）

信号源インピーダンス（50 Ω）に対して負荷インピーダンスが標準（50 Ω）から変化すると，SWR（Standing Wave Ratio，定在波比）が劣化し，反射電力が増え進行電力が減ります．

表26に示すように，負荷インピーダンスが，標準

$SWR = R/r$　$R > r$ のとき
$SWR = r/R$　$R < r$ のとき

反射係数 = $\dfrac{進行電力 P_f}{反射電力 P_r}$

リターン・ロス [dB] = $10 \log \dfrac{P_f}{P_r}$

進行電力比 [％] = $\left(1 - \dfrac{P_f}{P_r}\right) \times 100$

進行電力比 [dB] = $10 \log \left(1 - \dfrac{P_f}{P_r}\right)$

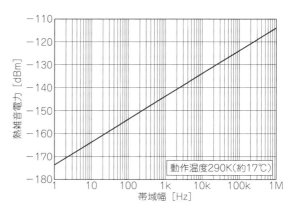

図19　帯域幅と熱雑音電力の関係

表26　50 Ω系で負荷インピーダンスが変わったときのSWRや反射係数，リターン・ロス，進行電力比

| 負荷インピーダンス [Ω] | SWR | 反射係数 | リターン・ロス [dB] | 進行電力比 | |
|---|---|---|---|---|---|
| | | | | % | dB |
| 1 | 50 | 0.92 | 0.35 | 7.69 | －11.14 |
| 2 | 25 | 0.85 | 0.7 | 14.79 | －8.3 |
| 5 | 10 | 0.67 | 1.74 | 33.06 | －4.81 |
| 7 | 7.14 | 0.57 | 2.45 | 43.09 | －3.66 |
| 10 | 5 | 0.44 | 3.52 | 55.56 | －2.55 |
| 15 | 3.33 | 0.29 | 5.38 | 71.01 | －1.49 |
| 20 | 2.5 | 0.18 | 7.36 | 81.63 | －0.88 |
| 25 | 2 | 0.11 | 9.54 | 88.89 | －0.51 |
| 30 | 1.67 | 0.06 | 12.04 | 93.75 | －0.28 |
| 35 | 1.43 | 0.03 | 15.07 | 96.89 | －0.14 |
| 40 | 1.25 | 0.01 | 19.08 | 98.77 | －0.05 |
| 42 | 1.19 | 0.01 | 21.21 | 99.24 | －0.03 |
| 44 | 1.14 | 0 | 23.9 | 99.59 | －0.02 |
| 46 | 1.09 | 0 | 27.6 | 99.83 | －0.01 |
| 48 | 1.04 | 0 | 33.8 | 99.96 | 0 |
| 50 | 1 | 0 | ∞ | 100 | 0 |
| 52 | 0.96 | 0 | 34.15 | 99.96 | 0 |
| 54 | 1.08 | 0 | 28.3 | 99.85 | －0.01 |
| 56 | 1.12 | 0 | 24.94 | 99.68 | －0.01 |
| 58 | 1.16 | 0.01 | 22.61 | 99.45 | －0.02 |
| 60 | 1.2 | 0.01 | 20.83 | 99.17 | －0.04 |
| 65 | 1.3 | 0.02 | 17.69 | 98.3 | －0.08 |
| 70 | 1.4 | 0.03 | 15.56 | 97.22 | －0.12 |
| 75 | 1.5 | 0.04 | 13.98 | 96 | －0.18 |
| 80 | 1.6 | 0.05 | 12.74 | 94.67 | －0.24 |
| 100 | 2 | 0.11 | 9.54 | 88.89 | －0.51 |
| 150 | 3 | 0.25 | 6.02 | 75 | －1.25 |
| 200 | 4 | 0.36 | 4.44 | 64 | －1.94 |
| 300 | 6 | 0.51 | 2.92 | 48.98 | －3.1 |
| 500 | 10 | 0.67 | 1.74 | 33.06 | －4.81 |
| 750 | 15 | 0.77 | 1.16 | 23.44 | －6.3 |
| 1000 | 20 | 0.82 | 0.87 | 18.14 | －7.41 |
| 2000 | 40 | 0.91 | 0.43 | 9.52 | －10.21 |

表27 SWRと反射係数やリターン・ロス，進行電力比の関係

| SWR | 反射係数 | リターン・ロス [dB] | 進行電力比 % | dB |
|---|---|---|---|---|
| 1 | 0 | ∞ | 100 | 0 |
| 1.01 | 0 | 46.06 | 100 | 0 |
| 1.02 | 0 | 40.09 | 99.99 | 0 |
| 1.03 | 0 | 36.61 | 99.98 | 0 |
| 1.04 | 0 | 34.15 | 99.96 | 0 |
| 1.05 | 0 | 32.26 | 99.94 | 0 |
| 1.1 | 0 | 26.44 | 99.77 | −0.01 |
| 1.2 | 0.01 | 20.83 | 99.17 | −0.04 |
| 1.3 | 0.02 | 17.69 | 98.3 | −0.08 |
| 1.4 | 0.03 | 15.56 | 97.22 | −0.12 |
| 1.5 | 0.04 | 13.98 | 96 | −0.18 |
| 1.6 | 0.05 | 12.74 | 94.67 | −0.24 |
| 1.7 | 0.07 | 11.73 | 93.28 | −0.3 |
| 1.8 | 0.08 | 10.88 | 91.84 | −0.37 |
| 1.9 | 0.1 | 10.16 | 90.37 | −0.44 |
| 2 | 0.11 | 9.54 | 88.89 | −0.51 |
| 2.2 | 0.14 | 8.52 | 85.94 | −0.66 |
| 2.4 | 0.17 | 7.71 | 83.04 | −0.81 |
| 2.6 | 0.2 | 7.04 | 80.25 | −0.96 |
| 2.8 | 0.22 | 6.49 | 77.56 | −1.1 |
| 3 | 0.25 | 6.02 | 75 | −1.25 |
| 3.5 | 0.31 | 5.11 | 69.14 | −1.6 |
| 4 | 0.36 | 4.44 | 64 | −1.94 |
| 5 | 0.44 | 3.52 | 55.56 | −2.55 |
| 6 | 0.51 | 2.92 | 48.98 | −3.1 |
| 7 | 0.56 | 2.5 | 43.75 | −3.59 |
| 8 | 0.6 | 2.18 | 39.51 | −4.03 |
| 9 | 0.64 | 1.94 | 36 | −4.44 |
| 10 | 0.67 | 1.74 | 33.06 | −4.81 |
| 15 | 0.77 | 1.16 | 23.44 | −6.3 |
| 25 | 0.85 | 0.7 | 14.79 | −8.3 |
| 20 | 0.82 | 0.87 | 18.14 | −7.41 |
| 30 | 0.88 | 0.58 | 12.49 | −9.04 |
| 40 | 0.9 | 0.43 | 9.52 | −10.21 |
| 50 | 0.92 | 0.35 | 7.69 | −11.14 |

$$SWR = \frac{\sqrt{P_f}+\sqrt{P_r}}{\sqrt{P_f}-\sqrt{P_r}}$$

ただし, $P_f$：進行電力 [W], $P_r$：反射電力 [W].

±20%以内であれば，ほぼ99%以上の進行電力を得られます．

● SWRと反射係数，リターン・ロス，進行電力比

アンテナと送受信機とのインピーダンス・マッチングの指標にはSWRがよく使われます．SWRと反射係数，リターン・ロス，進行電力比の関係を表27に示します．

SWRが劣化する（1より大きくなる）と反射波が生じ，進行電力が減少します．VHF帯（30 M～300 MHz）あるいはそれ以上の周波数のアンテナのSWRは2以下

表28 π型50Ω抵抗アッテネータ

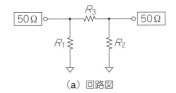

(a) 回路図

| 減衰量 [dB] | 計算値 | | E24系列 | | E96系列 | |
|---|---|---|---|---|---|---|
| | $R_1, R_2$ [Ω] | $R_3$ [Ω] | $R_1, R_2$ [Ω] | $R_3$ [Ω] | $R_1, R_2$ [Ω] | $R_3$ [Ω] |
| 0.1 | 8.686 k | 0.58 | 9.1 k | 0.56 | 8.66 k | 0.58 |
| 0.2 | 4.343 k | 1.15 | 4.3 k | 1.1 | 4.32 k | 1.15 |
| 0.3 | 2.896 k | 1.73 | 3.0 k | 1.8 | 2.87 k | 1.74 |
| 0.4 | 2.172 k | 2.3 | 2.2 k | 2.2 | 2.15 k | 2.32 |
| 0.5 | 1.738 k | 2.88 | 1.8 k | 3 | 1.74 k | 2.87 |
| 0.6 | 1.448 k | 3.46 | 1.5 k | 3.6 | 1.43 k | 3.48 |
| 0.7 | 1.242 k | 4.03 | 1.2 k | 3.9 | 1.21 k | 4.02 |
| 0.8 | 1.087 k | 4.61 | 1.1 k | 4.7 | 1.10 k | 4.64 |
| 0.9 | 966 | 5.19 | 1.0 k | 5.1 | 976 | 5.23 |
| 1 | 869.5 | 5.77 | 910 | 5.6 | 866 | 5.76 |
| 1.1 | 790.7 | 6.35 | 820 | 6.2 | 787 | 6.34 |
| 1.5 | 580.5 | 8.68 | 560 | 8.2 | 576 | 8.66 |
| 2 | 436.2 | 11.61 | 430 | 12 | 437 | 11.5 |
| 3 | 292.4 | 17.61 | 300 | 18 | 294 | 17.8 |
| 4 | 221 | 23.85 | 220 | 24 | 221 | 23.9 |
| 5 | 178.5 | 30.4 | 180 | 30 | 178 | 30.1 |
| 6 | 150.5 | 37.35 | 150 | 39 | 150 | 37.4 |
| 7 | 130.7 | 44.8 | 130 | 43 | 130 | 45.3 |
| 8 | 116.1 | 52.84 | 120 | 51 | 115 | 52.3 |
| 9 | 105 | 61.59 | 100 | 62 | 105 | 61.9 |
| 10 | 96.25 | 71.15 | 100 | 75 | 95.3 | 71.5 |
| 11 | 89.24 | 81.66 | 91 | 82 | 88.7 | 82.5 |
| 12 | 83.54 | 93.25 | 82 | 91 | 82.5 | 93.1 |
| 13 | 78.84 | 106.1 | 75 | 110 | 78.7 | 107 |
| 14 | 74.93 | 120.3 | 75 | 120 | 75 | 121 |
| 15 | 71.63 | 136.1 | 68 | 140 | 71.5 | 137 |
| 16 | 68.83 | 153.8 | 68 | 150 | 68.1 | 154 |
| 17 | 66.45 | 173.5 | 68 | 180 | 66.5 | 174 |
| 18 | 64.4 | 195.4 | 62 | 200 | 64.9 | 196 |
| 19 | 62.64 | 220 | 62 | 220 | 61.9 | 221 |
| 20 | 61.11 | 247.5 | 62 | 240 | 60.4 | 249 |
| 25 | 55.96 | 443.2 | 56 | 430 | 56.2 | 442 |
| 30 | 53.27 | 789.8 | 51 | 820 | 53.6 | 787 |
| 40 | 51.01 | 2.500 k | 51 | 2.4 k | 51.1 | 2.49 k |
| 50 | 50.32 | 7.906 k | 51 | 8.2 k | 49.9 | 7.87 k |

(b) 抵抗値

になるものが多いですが，より低い周波数のアンテナのSWRは2より大きくなる例が多いです．

■ 抵抗アッテネータ

抵抗アッテネータの回路と抵抗値を表28～表33に示します．

表29 T型 50Ω抵抗アッテネータ

表30 π型 75Ω抵抗アッテネータ

(a) 回路図

| 減衰量<br>[dB] | 計算値 | | E24系列 | | E96系列 | |
|---|---|---|---|---|---|---|
| | $R_1, R_2$<br>[Ω] | $R_3$<br>[Ω] | $R_1, R_2$<br>[Ω] | $R_3$<br>[Ω] | $R_1, R_2$<br>[Ω] | $R_3$<br>[Ω] |
| 0.1 | 0.29 | 4.343 k | 0.27 | 4.3 k | 0.29 | 4.32 k |
| 0.2 | 0.58 | 2.171 k | 0.56 | 2.2 k | 0.56 | 2.15 k |
| 0.3 | 0.86 | 1.447 k | 0.82 | 1.5 k | 0.87 | 1.43 k |
| 0.4 | 1.15 | 1.085 k | 1.2 | 1.1 k | 1.15 | 1.15 k |
| 0.5 | 1.44 | 868.1 | 1.5 | 910 | 1.43 | 866 |
| 0.6 | 1.73 | 723.2 | 1.8 | 750 | 1.74 | 715 |
| 0.7 | 2.01 | 619.7 | 2 | 620 | 2 | 619 |
| 0.8 | 2.3 | 542.1 | 2.2 | 560 | 2.32 | 536 |
| 0.9 | 2.59 | 481.7 | 2.7 | 470 | 2.61 | 487 |
| 1 | 2.88 | 433.3 | 3 | 430 | 2.87 | 432 |
| 1.1 | 3.16 | 393.8 | 3.3 | 390 | 3.16 | 392 |
| 1.5 | 4.31 | 288.1 | 4.3 | 300 | 4.32 | 287 |
| 2 | 5.73 | 215.2 | 5.6 | 220 | 5.76 | 215 |
| 3 | 8.55 | 141.9 | 8.2 | 150 | 8.45 | 143 |
| 4 | 11.31 | 104.8 | 11 | 100 | 11.3 | 105 |
| 5 | 14.01 | 82.24 | 15 | 82 | 14 | 82.5 |
| 6 | 16.61 | 66.93 | 16 | 68 | 16.5 | 66.5 |
| 7 | 19.12 | 55.8 | 20 | 56 | 19.1 | 56.2 |
| 8 | 21.53 | 47.31 | 22 | 47 | 21.5 | 47.5 |
| 9 | 23.81 | 40.59 | 24 | 39 | 23.7 | 40.2 |
| 10 | 25.97 | 35.14 | 27 | 36 | 26.1 | 34.8 |
| 11 | 28.01 | 30.62 | 27 | 30 | 28 | 30.9 |
| 12 | 29.92 | 26.81 | 30 | 27 | 30.1 | 26.7 |
| 13 | 31.71 | 23.57 | 33 | 24 | 31.6 | 23.7 |
| 14 | 33.37 | 20.78 | 33 | 20 | 34 | 21 |
| 15 | 34.9 | 18.36 | 36 | 18 | 34.8 | 18.2 |
| 16 | 36.32 | 16.26 | 36 | 16 | 36.5 | 16.2 |
| 17 | 37.62 | 14.41 | 39 | 15 | 37.4 | 14.7 |
| 18 | 38.82 | 12.79 | 39 | 13 | 39.2 | 12.7 |
| 19 | 39.91 | 11.36 | 39 | 11 | 40.2 | 11.3 |
| 20 | 40.91 | 10.1 | 43 | 10 | 41.2 | 10 |
| 25 | 44.68 | 5.64 | 43 | 5.6 | 44.2 | 5.62 |
| 30 | 46.93 | 3.17 | 47 | 3.3 | 46.4 | 3.16 |
| 40 | 49.01 | 1 | 51 | 1 | 48.7 | 1 |
| 50 | 49.68 | 0.32 | 51 | 0.33 | 49.9 | 0.32 |

(b) 抵抗値

| 減衰量<br>[dB] | 計算値 | | E24系列 | | E96系列 | |
|---|---|---|---|---|---|---|
| | $R_1, R_2$<br>[Ω] | $R_3$<br>[Ω] | $R_1, R_2$<br>[Ω] | $R_3$<br>[Ω] | $R_1, R_2$<br>[Ω] | $R_3$<br>[Ω] |
| 0.1 | 13.03 k | 0.86 | 13 k | 0.82 | 13.0 k | 0.87 |
| 0.2 | 6.515 k | 1.73 | 6.8 k | 1.8 | 6.49 k | 1.74 |
| 0.3 | 4.343 k | 2.59 | 4.3 k | 2.7 | 4.32 k | 2.61 |
| 0.4 | 3.258 k | 3.46 | 3.3 k | 3.6 | 3.24 k | 3.48 |
| 0.5 | 2.606 k | 4.32 | 2.7 k | 4.3 | 2.61 k | 4.32 |
| 0.6 | 2.172 k | 5.19 | 2.2 k | 5.1 | 2.15 k | 5.23 |
| 0.7 | 1.862 k | 6.05 | 1.8 k | 6.2 | 1.87 k | 6.04 |
| 0.8 | 1.630 k | 6.92 | 1.6 k | 6.8 | 1.62 k | 6.98 |
| 0.9 | 1.449 k | 7.79 | 1.5 k | 7.5 | 1.47 k | 7.87 |
| 1 | 1.304 k | 8.65 | 1.3 k | 8.2 | 1.30 k | 8.66 |
| 1.1 | 1.186 k | 9.52 | 1.2 k | 9.1 | 1.18 k | 9.53 |
| 1.5 | 870.7 | 13.02 | 910 | 13 | 866 | 13 |
| 2 | 654.3 | 17.42 | 680 | 18 | 649 | 17.4 |
| 3 | 438.6 | 26.42 | 430 | 27 | 442 | 26.7 |
| 4 | 331.5 | 35.77 | 330 | 36 | 332 | 35.7 |
| 5 | 267.7 | 45.6 | 270 | 47 | 267 | 45.3 |
| 6 | 225.7 | 56.03 | 220 | 56 | 226 | 56.2 |
| 7 | 196.1 | 67.2 | 200 | 68 | 196 | 66.5 |
| 8 | 174.2 | 79.27 | 180 | 82 | 174 | 78.7 |
| 9 | 157.5 | 92.38 | 160 | 91 | 158 | 93.1 |
| 10 | 144.4 | 106.7 | 150 | 110 | 143 | 107 |
| 11 | 133.9 | 122.5 | 130 | 120 | 133 | 124 |
| 12 | 125.3 | 139.9 | 130 | 130 | 124 | 140 |
| 13 | 118.3 | 159.1 | 120 | 160 | 118 | 158 |
| 14 | 112.4 | 180.5 | 110 | 180 | 113 | 182 |
| 15 | 107.4 | 204.2 | 110 | 200 | 107 | 205 |
| 16 | 103.3 | 230.7 | 100 | 240 | 102 | 232 |
| 17 | 99.67 | 260.2 | 100 | 270 | 100 | 261 |
| 18 | 96.6 | 293.2 | 100 | 300 | 97.6 | 294 |
| 19 | 93.96 | 330 | 91 | 330 | 93.1 | 332 |
| 20 | 91.67 | 371.3 | 91 | 390 | 90.9 | 374 |
| 25 | 83.94 | 664.7 | 82 | 680 | 84.5 | 665 |
| 30 | 79.9 | 1.185 k | 82 | 1.2 k | 80.6 | 1.18 k |
| 40 | 76.52 | 3.750 k | 75 | 3.9 k | 76.8 | 3.74 k |
| 50 | 75.48 | 11.86 k | 75 | 12 k | 75 | 11.8 k |

(b) 抵抗値

● 信号減衰のほかインピーダンス・マッチングなどに

抵抗アッテネータは信号の減衰のほか，インピーダンス・マッチングをとるためや回路間のアイソレーションを確保するためにも使います．

インピーダンスが不整合な負荷の前にアッテネータを挿入することで，信号源から見たインピーダンス誤差は小さくなります．負荷から反射してくる電力を減らすことにもなります．

同様に，インピーダンスが不整合な信号源の後にアッテネータを挿入することで，信号源から見たインピーダンス誤差は小さくなります．

アッテネータを挿入することで信号は減衰してしま

**表31 T型75Ω抵抗アッテネータ**

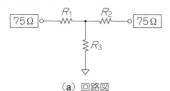

(a) 回路図

| 減衰量<br>[dB] | 計算値 | | E24系列 | | E96系列 | |
|---|---|---|---|---|---|---|
| | $R_1, R_2$<br>[Ω] | $R_3$<br>[Ω] | $R_1, R_2$<br>[Ω] | $R_3$<br>[Ω] | $R_1, R_2$<br>[Ω] | $R_3$<br>[Ω] |
| 0.1 | 0.43 | 6.514 k | 0.43 | 6.8 k | 0.43 | 6.49 k |
| 0.2 | 0.86 | 3.257 k | 0.82 | 3.3 k | 0.86 | 3.24 k |
| 0.3 | 1.3 | 2.171 k | 1.3 | 2.2 k | 1.3 | 2.15 k |
| 0.4 | 1.73 | 1.628 k | 1.8 | 1.6 k | 1.74 | 1.62 k |
| 0.5 | 2.16 | 1.302 k | 2.2 | 1.3 k | 2.15 | 1.30 k |
| 0.6 | 2.59 | 1.085 k | 2.7 | 1.1 k | 2.61 | 1.10 k |
| 0.7 | 3.02 | 929.6 | 3 | 610 | 3.01 | 931 |
| 0.8 | 3.45 | 813.2 | 3.6 | 820 | 3.48 | 806 |
| 0.9 | 3.88 | 722.5 | 3.9 | 750 | 3.92 | 715 |
| 1 | 4.31 | 650 | 4.3 | 680 | 4.32 | 649 |
| 1.1 | 4.74 | 590.6 | 4.7 | 560 | 4.75 | 590 |
| 1.5 | 6.46 | 432.1 | 6.2 | 430 | 6.49 | 432 |
| 2 | 8.6 | 322.9 | 8.2 | 330 | 8.66 | 324 |
| 3 | 12.82 | 212.9 | 12 | 220 | 12.7 | 215 |
| 4 | 16.97 | 157.2 | 16 | 160 | 16.9 | 158 |
| 5 | 21.01 | 123.4 | 22 | 120 | 21 | 124 |
| 6 | 24.92 | 100.4 | 24 | 100 | 24.9 | 100 |
| 7 | 28.69 | 83.7 | 30 | 82 | 28.7 | 84.5 |
| 8 | 32.29 | 70.96 | 33 | 68 | 33.2 | 71.5 |
| 9 | 35.72 | 60.89 | 36 | 62 | 35.7 | 60.4 |
| 10 | 38.96 | 52.7 | 39 | 51 | 39.2 | 52.3 |
| 11 | 42.02 | 45.92 | 43 | 47 | 42.2 | 46.4 |
| 12 | 44.89 | 40.22 | 43 | 39 | 45.3 | 40.2 |
| 13 | 47.56 | 35.35 | 47 | 36 | 47.5 | 35.7 |
| 14 | 50.05 | 31.17 | 51 | 30 | 49.9 | 31.6 |
| 15 | 52.35 | 27.55 | 51 | 27 | 52.3 | 27.4 |
| 16 | 54.48 | 24.39 | 56 | 24 | 54.9 | 24.3 |
| 17 | 56.43 | 21.62 | 56 | 22 | 56.2 | 21.5 |
| 18 | 58.23 | 19.19 | 56 | 20 | 57.6 | 19.1 |
| 19 | 59.87 | 17.04 | 62 | 18 | 59 | 16.9 |
| 20 | 61.36 | 15.15 | 62 | 15 | 61.9 | 15 |
| 25 | 67.01 | 8.46 | 68 | 8.2 | 66.5 | 8.45 |
| 30 | 70.4 | 4.75 | 68 | 4.7 | 71.5 | 4.75 |
| 40 | 73.51 | 1.5 | 75 | 1.5 | 73.2 | 1.5 |
| 50 | 74.53 | 0.47 | 75 | 0.47 | 75 | 0.48 |

(b) 抵抗値

**表32 π型600Ω抵抗アッテネータ**

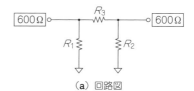

(a) 回路図

| 減衰量<br>[dB] | 計算値 | | E24系列 | | E96系列 | |
|---|---|---|---|---|---|---|
| | $R_1, R_2$<br>[Ω] | $R_3$<br>[Ω] | $R_1, R_2$<br>[Ω] | $R_3$<br>[Ω] | $R_1, R_2$<br>[Ω] | $R_3$<br>[Ω] |
| 0.1 | 104.2 k | 6.91 | 100 k | 6.8 | 105 k | 6.98 |
| 0.2 | 52.12 k | 13.82 | 51 k | 13 | 52.3 k | 13.7 |
| 0.3 | 34.75 k | 20.73 | 36 k | 20 | 34.8 k | 20.5 |
| 0.4 | 26.06 k | 27.64 | 27 k | 27 | 26.1 k | 26.1 |
| 0.5 | 20.85 k | 34.56 | 20 k | 36 | 21.0 k | 34.8 |
| 0.6 | 17.38 k | 41.48 | 18 k | 43 | 17.4 k | 41.2 |
| 0.7 | 14.90 k | 48.41 | 15 k | 47 | 15.0 k | 48.7 |
| 0.8 | 13.04 k | 55.34 | 13 k | 56 | 13.0 k | 54.9 |
| 0.9 | 11.59 k | 62.28 | 12 k | 62 | 11.5 k | 61.6 |
| 1 | 10.43 k | 69.23 | 10 k | 68 | 10.5 k | 69.8 |
| 1.1 | 9.488 k | 76.19 | 9.1 k | 75 | 9.53 k | 76.8 |
| 1.5 | 6.966 k | 104.1 | 6.8 k | 100 | 6.98 k | 105 |
| 2 | 5.235 k | 139.4 | 5.1 k | 130 | 5.23 k | 140 |
| 3 | 3.509 k | 211.4 | 3.6 k | 220 | 3.48 k | 210 |
| 4 | 2.652 k | 286.2 | 2.7 k | 270 | 2.67 k | 287 |
| 5 | 2.142 k | 364.8 | 2.2 k | 360 | 2.15 k | 365 |
| 6 | 1.806 k | 448.2 | 1.8 k | 430 | 1.82 k | 453 |
| 7 | 1.569 k | 537.6 | 1.6 k | 560 | 1.58 k | 536 |
| 8 | 1.394 k | 634.1 | 1.5 k | 620 | 1.40 k | 634 |
| 9 | 1.260 k | 739.1 | 1.3 k | 750 | 1.27 k | 732 |
| 10 | 1.155 k | 853.8 | 1.2 k | 820 | 1.15 k | 845 |
| 11 | 1.071 k | 979.9 | 1.1 k | 1.0 k | 1.07 k | 976 |
| 12 | 1.003 k | 1.119 k | 1.0 k | 1.1 k | 1.00 k | 1.13 k |
| 13 | 946.1 | 1.273 k | 910 | 1.3 k | 953 | 1.27 k |
| 14 | 899.1 | 1.444 k | 910 | 1.5 k | 909 | 1.43 k |
| 15 | 859.5 | 1.634 k | 820 | 1.6 k | 866 | 1.62 k |
| 16 | 826 | 1.845 k | 820 | 1.8 k | 825 | 1.87 k |
| 17 | 797.4 | 2.081 k | 820 | 2.0 k | 806 | 2.10 k |
| 18 | 772.8 | 2.345 k | 750 | 2.4 k | 768 | 2.32 k |
| 19 | 751.7 | 2.640 k | 750 | 2.7 k | 750 | 2.67 k |
| 20 | 733.3 | 2.970 k | 750 | 3.0 k | 732 | 2.94 k |
| 25 | 671.5 | 5.318 k | 680 | 5.1 k | 665 | 53.6 k |
| 30 | 639.2 | 9.477 k | 620 | 9.1 k | 634 | 9.531 k |
| 40 | 612.1 | 30.00 k | 620 | 30 k | 619 | 30.1 k |
| 50 | 603.8 | 94.87 k | 620 | 92 k | 604 | 95.3 k |

(b) 抵抗値

うのですが，抵抗アッテネータは広い帯域でインピーダンスをマッチングさせられるので，この目的で使われることもよくあります．

高周波信号には50Ω系，低周波信号には600Ω系がよく使われます．一部の業界(放送業界など)では高周波信号やビデオ信号に75Ω系を使う場合もあります．

● 抵抗の選び方

インピーダンス・マッチングや回路間のアイソレーションのために，高い精度は不要です．つまり，E24系列の抵抗で十分です．

大きな減衰量で高い精度を得るためには誤差の少ない抵抗器が必要です．そのため，測定器などでは特注

表33 T型600Ω抵抗アッテネータ

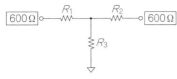

(a) 回路図

| 減衰量<br>[dB] | 計算値 | | E24系列 | | E96系列 | |
|---|---|---|---|---|---|---|
| | $R_1, R_2$ [Ω] | $R_3$ [Ω] | $R_1, R_2$ [Ω] | $R_3$ [Ω] | $R_1, R_2$ [Ω] | $R_3$ [Ω] |
| 0.1 | 3.45 | 52.11 k | 3.6 | 51 k | 3.48 | 52.3 k |
| 0.2 | 6.91 | 26.06 k | 6.8 | 27 k | 6.98 | 26.1 k |
| 0.3 | 10.36 | 17.37 k | 10 | 18 k | 10.5 | 17.4 k |
| 0.4 | 13.81 | 13.02 k | 13 | 13 k | 13.7 | 13.3 k |
| 0.5 | 17.26 | 10.42 k | 18 | 10 k | 17.4 | 10.5 k |
| 0.6 | 20.72 | 8.679 k | 20 | 8.2 k | 20.5 | 8.66 k |
| 0.7 | 24.16 | 7.437 k | 24 | 7.5 k | 24.3 | 7.50 k |
| 0.8 | 27.61 | 6.505 k | 27 | 6.2 k | 27.4 | 6.49 k |
| 0.9 | 31.06 | 5.780 k | 30 | 5.8 k | 31.6 | 5.76 k |
| 1 | 34.5 | 5.200 k | 33 | 5.1 k | 34.8 | 5.23 k |
| 1.1 | 37.94 | 4.725 k | 39 | 4.7 k | 38.3 | 4.75 k |
| 1.5 | 51.68 | 3.457 k | 51 | 3.6 k | 51.1 | 3.48 k |
| 2 | 68.77 | 2.583 k | 68 | 2.7 k | 68.1 | 2.61 k |
| 3 | 102.6 | 1.703 k | 100 | 1.8 k | 102 | 1.69 k |
| 4 | 135.8 | 1.258 k | 150 | 1.3 k | 137 | 1.27 k |
| 5 | 168.1 | 986.9 | 160 | 1 k | 169 | 976 |
| 6 | 199.4 | 803.2 | 200 | 820 | 200 | 806 |
| 7 | 229.5 | 669.6 | 220 | 680 | 232 | 665 |
| 8 | 258.3 | 567.7 | 270 | 560 | 261 | 562 |
| 9 | 285.7 | 487.1 | 300 | 470 | 287 | 487 |
| 10 | 311.7 | 421.6 | 300 | 430 | 309 | 422 |
| 11 | 336.2 | 367.4 | 330 | 360 | 332 | 365 |
| 12 | 359.1 | 321.7 | 360 | 330 | 357 | 324 |
| 13 | 380.5 | 282.8 | 390 | 270 | 383 | 280 |
| 14 | 400.4 | 249.4 | 390 | 240 | 402 | 249 |
| 15 | 418.8 | 220.4 | 430 | 220 | 422 | 221 |
| 16 | 435.8 | 195.1 | 430 | 200 | 432 | 196 |
| 17 | 451.5 | 173 | 470 | 180 | 453 | 174 |
| 18 | 465.8 | 153.5 | 470 | 150 | 464 | 154 |
| 19 | 478.9 | 136.4 | 470 | 130 | 475 | 137 |
| 20 | 490.9 | 121.2 | 510 | 120 | 487 | 121 |
| 25 | 536.1 | 67.7 | 560 | 68 | 536 | 68.1 |
| 30 | 563.2 | 37.99 | 560 | 39 | 562 | 38.3 |
| 40 | 588.1 | 12 | 560 | 12 | 590 | 12.1 |
| 50 | 596.2 | 3.8 | 620 | 3.9 | 604 | 3.83 |

(b) 抵抗値

の抵抗値(E系列外)を使っています．

ここでいう誤差は±dBの誤差の意味で，10 dB(1段)のアッテネータで±1 dBの誤差を得るよりも40 dB(1段)のアッテネータで±1 dBの誤差を得るほうが困難です．

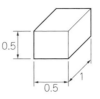

(a) チップ抵抗

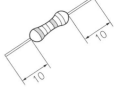

(b) リード付き抵抗1/2W

図20 インピーダンスを推定する抵抗器の外観［単位：mm］

表34 推定した寄生容量や寄生インダクタンス

| 種類 | 寄生容量 | 寄生インダクタンス | 備考 |
|---|---|---|---|
| チップ抵抗1005 | 0.25 pF | 0.6 nH | – |
| リード付き抵抗1/2 W | 0.3 pF | 20 nH | リード長20 mm |

● 周波数が高いときはπ型のほうが良い

HF帯(3 M～30 MHz)以上の周波数では，1段あたり20 dBを越えると寄生リアクタンスのために誤差が大きくなりやすいです．そのため，より大きな減衰量が必要なときは複数段の構成とします．また，高周波の場合は一般にT型よりπ型の方が寄生リアクタンスによる誤差が少なくなります．

## ■ 抵抗器のインピーダンス

● 抵抗器の周波数特性

回路図上の抵抗器は，抵抗成分だけをもち，そのインピーダンス(＝抵抗値)に周波数特性はありませんが，実際の抵抗器は寄生容量や寄生インダクタンスを持つので，同じ抵抗値でも周波数によってインピーダンスが異なります．

図20のような抵抗器の寄生容量と寄生インダクタンスの値を表34のように想定し，等価回路からインピーダンスを計算させた結果が図21です．なお，チップ抵抗器とリード付き抵抗器では等価回路を変えています．

チップ抵抗の寄生容量と寄生インダクタンスの値は，同一形状のチップ・インダクタとチップ・コンデンサの共振周波数から推定しています．

これらの値は，抵抗器の構造や材質によって変化しますし，実装時のプリント板の材質やパターンのよって変化しますが，どの程度の周波数まで使えるかの目安になると思います．

● 抵抗器の周波数特性からみた使用上の留意点

抵抗値が高いほど寄生容量の影響が大きくなります．1 MΩでは周波数1 MHz以上になると誤差が大きくなり，100 kΩでも周波数10 MHz以上になると誤差が大きくなります．

一方，抵抗値が低いほど寄生インダクタンスの影響

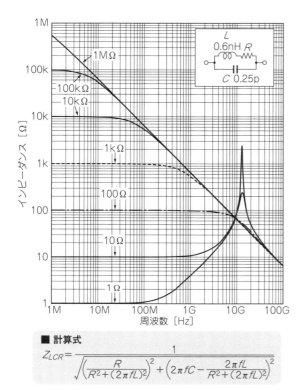

(a) チップ抵抗

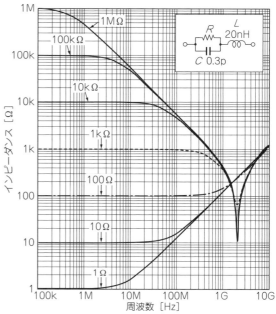

(b) リード付き抵抗1/2W

図21 抵抗器のインピーダンス(推定)

が大きくなります．とくにリード付き抵抗器はリード線の影響が顕著で，10Ωでは10MHz以上になると誤差が大きくなります．

数十Ω〜数百Ωの抵抗器は比較的に周波数特性が良いので，この範囲になるように高周波回路を設計することが望ましいです．チップ抵抗器であれば数GHz程度まで使用でき，リード付き抵抗器でも数百MHz程度まで使用できます．

とくに負荷抵抗やアッテネータ用抵抗はできるだけ周波数特性がフラットのほうが望ましく，定数を数十Ω〜数百Ωに選ぶことが望ましいです．

### ■ 同調周波数

コンデンサとインダクタの共振周波数$f_0$は次式で計算できます．その都度計算してもよいのですが，図22のグラフを見れば概念的な数値を簡単に得られます．

$$f_0 = \frac{1}{2\pi\sqrt{LC}}$$

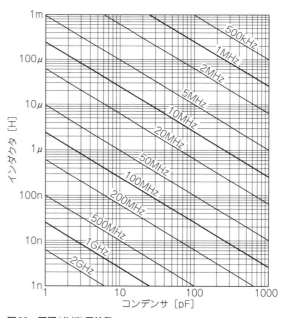

図22 同調(共振)周波数

(初出:「トランジスタ技術」2013年11月号)

# 索 引

## 【記号・数字】
3端子レギュレータ ················· 33
7セグLED ······················· 73

## 【アルファベット】
AES ······················ 98, 106, 110
Air Play ·························· 107
ANDゲート ························ 35
ARIB標準規格 ················ 117, 119
ASIO ···························· 109
A特性 ···························· 93
BLE ····························· 125
Bluetooth ················ 107, 119, 125
CD（CD-DA） ····················· 104
CdSセル ·························· 24
CRD（Current Regulative Diode） ····· 16
dB表記 ··························· 55
D-Dコンバータ ··················· 109
DIN ····························· 112
DINプラグ／コネクタ ·············· 97
DLNA ···························· 109
Dolby ···························· 105
DoP ····························· 109
DSD ························ 105, 109
DTS ····························· 105
DVD ····························· 105
D級アンプ ······················· 109
EBU ························ 106, 110
EHF ····························· 114
EIRP ···························· 122
ELF ····························· 114
FFT測定 ························· 102
HDMI ···························· 107
IEC ····························· 111
IEEE ···················· 113, 119, 123
Integer Mode ····················· 109
ISM帯 ··························· 124
ISO/IEC JTC1 ···················· 113
ITU ····························· 111
ITU-R ··························· 116
JAS ····························· 113
JEITA ······················ 98, 106, 110
LED（Light Emitting Diode） ········· 24
LF ······························ 114
MF ······························ 114
MOSFET ·························· 19
MPEG ··························· 113
NAB ····························· 111
NANDゲート ······················ 35
NAS ····························· 108
NORゲート ······················· 35
NOT（インバータ） ················· 35
NPNトランジスタ ·················· 16
NTC（Negative Temperature Coefficient）型 ······· 29
NチャネルJFET ··················· 18
OPアンプ ························ 32
ORゲート ························ 35
PCM ···························· 105
PINフォトダイオード ·············· 23
PNPトランジスタ ·················· 17
PTC（Positive Temperature Coefficient）型 ······· 29
PチャネルJFET ··················· 19
RCAコネクタ ····················· 96
RIAA ···························· 113
S/N測定 ························· 134
S/PDIF ·························· 106
SACD ··························· 105
SHF ····························· 114
SI国際単位 ······················· 41
SLF ····························· 114
SN比 ···························· 100
SSR（Solid-State Relay） ············ 32
SWR ···························· 135
THD（Total Harmonic Distortion） ···· 99
THX ···························· 106
TVS（Transient Voltage Suppressor） ·· 27
UHF ····························· 114
ULF ····························· 114
USB規格 ························ 108
VHF ····························· 114
VLF ····························· 114
WASAPI ························· 109
Wi-Fi ······················· 119, 123
XLAコネクタ ····················· 96
ZigBee ····················· 119, 126

## 【あ・ア行】
圧電スピーカ ······················ 38
アナログ・スイッチ ················ 34
アバランシェ・フォトダイオード ···· 23
アバランシェ降伏 ·················· 15
アレスタ ·························· 75
アンバランス伝送 ·················· 96
位相 ····························· 95
インダクタ ······················· 12
インダクタンス ···················· 45

| | | | |
|---|---:|---|---:|
| インピーダンス | 95 | サンプル＆ホールド回路 | 34 |
| インピーダンス・マッチング | 136 | サンプル・レート変換 | 103 |
| エネルギ | 42 | 時間 | 42 |
| エンハンスメント型NチャネルMOSFET | 20 | 磁束 | 44 |
| エンハンスメント型PチャネルMOSFET | 21 | 実効値電圧 | 95 |
| オープン・コレクタ | 35 | ジッタ | 103 |
| オームの法則 | 50 | 室内音響 | 94 |
| オクターブ | 92 | 質量 | 42 |
| 音の3要素 | 92 | 自由空間損失 | 130 |
| 音圧レベル | 92 | 終端電圧 | 58 |
| 温度 | 42 | 周波数の割り当て | 115 |
| 温度係数(PN接合) | 54 | シュミット・トリガ | 35 |
| 温度係数表記 | 47 | 順方向電圧 | 54 |
| 温度センサ | 29 | ショットキー・バリア・ダイオード | 14 |
| 音波 | 92 | シリコン保護素子 | 27 |
| 【か・カ行】 | | 進行電力比 | 135 |
| 開放端電圧 | 58 | 振幅 | 95 |
| 回路図記号 | 81 | スイッチ | 36 |
| 可聴周波数 | 93 | ステップ応答 | 54 |
| カットオフ周波数 | 54 | スパーク・キラー | 31 |
| 可変抵抗 | 7 | スピーカ | 38 |
| 可変容量コンデンサ | 11 | スマート・グリッド | 120 |
| 可変容量ダイオード | 15 | スマート・メータ | 120 |
| カラー・コード | 48 | スライド・スイッチ | 36 |
| 技術基準適合証明 | 120 | 静電容量 | 43, 47 |
| 技適 | 119 | 接合型FET | 18 |
| 基本単位 | 41 | 接地記号 | 39 |
| 吸音率 | 94 | 接頭語 | 45 |
| 共振周波数 | 53 | セラミック・コンデンサ | 8 |
| 許容差表記 | 47 | 全高調波ひずみ | 99 |
| キルヒホッフの法則 | 51 | センチ波 | 114 |
| キロメートル波 | 115 | センチメートル波 | 115 |
| 組立単位 | 42 | 【た・タ行】 | |
| グラウンド | 60, 64, 65 | ダイアック | 22 |
| クラスDアンプ | 109 | 帯域外ノイズ | 101 |
| クロストーク特性 | 102 | 帯域内ノイズ | 101 |
| ゲイン | 57 | ダイオード | 14 |
| 工事設計認証 | 120 | ダイナミック・スピーカ | 38 |
| 極超短波 | 114 | ダイナミック・マイクロフォン | 37 |
| 極超長波 | 114 | ダイナミック・レンジ | 100, 102 |
| 固定抵抗 | 6 | 短波 | 114 |
| コンデンサ | 8 | チェンジオーバ接点 | 31 |
| コンデンサ・マイクロフォン | 37 | 力 | 42 |
| コンパレータ | 33 | チャネル・セパレーション | 102 |
| 【さ・サ行】 | | 中波 | 114 |
| サージ・アブソーバ | 27 | 聴感特性 | 93 |
| サージ・キラー | 31 | 超短波 | 114 |
| サージ吸収ダイオード | 27 | 超長波 | 114 |
| サーミスタ | 29 | 長波 | 114 |
| サイリスタ | 22 | 直流演算増幅器 | 32 |
| 差動増幅器 | 32 | 直列共振周波数 | 53 |
| サブミリ波 | 114 | ツェナ・ダイオード | 14 |
| 残響時間 | 94 | ツェナ降伏 | 15 |
| サンプリング・レート | 102 | 抵抗 | 6, 43 |

| | | | |
|---|---:|---|---:|
| 抵抗アッテネータ | 136 | 半固定抵抗 | 7 |
| 抵抗値表記 | 47 | 半固定容量キャパシタ | 11 |
| ディジタル・アンプ | 109 | 反射係数 | 135 |
| ディジタル記録メディア | 104 | ピーク・ツー・ピーク電圧 | 95 |
| 定電流ダイオード | 16 | ヒートシンク | 75 |
| データ・フォーマット | 104 | 光デバイス | 23 |
| デカメートル波 | 115 | ヒューズ | 28 |
| デシベル | 55 | 比誘電率 | 10 |
| デシミリメートル波 | 115 | 標準数 | 48 |
| デシメートル波 | 115 | フィルム・コンデンサ | 8 |
| デプリーション型NチャネルMOSFET | 19 | フェライト・ビーズ | 12 |
| デプリーション型PチャネルMOSFET | 20 | フォトカプラ | 25 |
| デルタ-シグマ($\Delta\Sigma$)変調 | 103 | フォトダイオード | 23 |
| 電圧 | 43 | フォトトランジスタ | 23 |
| 電圧源 | 44 | フォン・プラグ／ジャック | 97 |
| 電解コンデンサ | 9 | 負荷インピーダンス | 135 |
| 電気量 | 43 | 複合トランジスタ | 71 |
| 電源記号 | 39 | プッシュ・スイッチ | 36 |
| 電磁リレー | 30 | ブレーカ | 28 |
| 伝播速度（音波） | 92 | ブレーク接点 | 31 |
| 伝播遅延時間 | 53 | フレッチャー・マンソン特性 | 94 |
| 電離層 | 132 | フレネル・ゾーン | 131 |
| 電流 | 43 | 並列共振周波数 | 53 |
| 電流源 | 44 | ヘクトメートル波 | 115 |
| 電力 | 42 | 鳳-テブナンの定理 | 52 |
| 透過係数 | 94 | 保護部品 | 27 |
| 等価地球半径係数 | 132 | ホワイト・スペース | 128 |
| 動作抵抗(PN接合) | 54 | 【ま・マ行】 | |
| 同調周波数 | 140 | マイカ・コンデンサ | 8 |
| 特性インピーダンス | 53 | マイクロフォン | 37 |
| 特定小電力無線局 | 118 | 丸型コネクタ | 97 |
| トグル・スイッチ | 36 | マルチチャネル | 105 |
| トライアック | 22 | ミリアメートル波 | 115 |
| トランジスタ | 16 | ミリ波 | 114 |
| トランス | 12 | ミリメートル波 | 115 |
| トリマ・コンデンサ | 11 | 無極電解コンデンサ | 10, 69 |
| 【な・ナ行】 | | 無線LAN | 119, 123 |
| 長さ | 42 | メイク接点 | 31 |
| 熱雑音 | 134 | メートル波 | 115 |
| 熱電対 | 29 | 【や・ヤ行】 | |
| ネット・オーディオ | 108 | 誘電体 | 10 |
| 熱力学温度 | 42 | 誘電体表記 | 47 |
| ノイズ | 101 | 【ら・ラ行】 | |
| ノイズ・シェイピング | 103 | ラウドネス曲線 | 93 |
| 【は・ハ行】 | | リターン・ロス | 136 |
| ハイ・サイド・スイッチ | 18 | 量子化 | 102 |
| バイパス・コンデンサ | 9 | 量子化器 | 103 |
| ハインリッヒの法則 | 51 | リレー | 30 |
| バス記号 | 40 | レイテンシ | 103 |
| 発光ダイオード | 24 | 冷点電圧補償器 | 30 |
| バランス伝送 | 96 | ロー・サイド・スイッチ | 18 |
| バリアブル・コンデンサ（バリコン） | 11 | ロータリ・スイッチ | 37 |
| バリキャップ | 15 | ロジック・ゲートIC | 35 |
| バリスタ | 27 | ロビンソン・ダッドソン特性 | 94 |

〈監修者紹介〉

宮崎 仁(みやざき・ひとし)

　(有)宮崎技術研究所で回路設計,コンサルティングに従事.依頼があれば何でも作るユーティリティ・エンジニアを目指すも,道はなかなか険しいと思う今日このごろ.

＊　　　　＊　　　　＊

　本書は,回路図を読んで電子回路を理解したり,自分で回路図を描いたりするのに必要な基礎知識,コモンセンスを中心として,回路の読解や設計のために知っておくと便利なさまざまな知識をギュッと濃縮してまとめた本です.電子回路の入門者はもちろん,設計の実務に携わっている人でも見落としがち,忘れがちな項目を,わかりやすく整理してまとめました.

　回路図の読み書きや設計の作業の際に,手元において活用できます.さらに時間のあるときに,ぱらぱらと眺めたり,興味のあるトピックを読んだりして,電気に関するさまざまな常識やマメ知識を身につけるのにもとても適しています.いつでも身近において,ご活用いただければ幸いです.

---

- **●本書記載の社名,製品名について** ── 本書に記載されている社名および製品名は,一般に開発メーカーの登録商標または商標です.なお,本文中では™,®,©の各表示を明記していません.
- **●本書掲載記事の利用についてのご注意** ── 本書掲載記事は著作権法により保護され,また産業財産権が確立されている場合があります.したがって,記事として掲載された技術情報をもとに製品化をするには,著作権者および産業財産権者の許可が必要です.また,掲載された技術情報を利用することにより発生した損害などに関して,CQ出版社および著作権者ならびに産業財産権者は責任を負いかねますのでご了承ください.
- **●本書に関するご質問について** ── 文章,数式などの記述上の不明点についてのご質問は,必ず往復はがきか返信用封筒を同封した封書でお願いいたします.勝手ながら,電話でのお問い合わせには応じかねます.ご質問は著者に回送し直接回答していただきますので,多少時間がかかります.また,本書の記載範囲を越えるご質問には応じられませんので,ご了承ください.
- **●本書の複製等について** ── 本書のコピー,スキャン,デジタル化等の無断複製は著作権法上での例外を除き禁じられています.本書を代行業者等の第三者に依頼してスキャンやデジタル化することは,たとえ個人や家庭内の利用でも認められておりません.

---

JCOPY 〈出版者著作権管理機構委託出版物〉

本書の全部または一部を無断で複写複製(コピー)することは,著作権法上での例外を除き,禁じられています.本書からの複製を希望される場合は,出版者著作権管理機構(TEL:03-5244-5088)にご連絡ください.

---

# 電気の単位から！ 回路図の見方・読み方・描き方

| | | |
|---|---|---|
| 編　集 | トランジスタ技術SPECIAL編集部 | 2016年10月1日　初版発行<br>2022年5月1日　第4版発行 |
| 発行人 | 小澤 拓治 | |
| 発行所 | CQ出版株式会社 | ©CQ出版株式会社 2016<br>(無断転載を禁じます) |
| | 〒112-8619　東京都文京区千石4-29-14 | |
| 電　話 | 編集 03-5395-2148<br>販売 03-5395-2141 | 定価は裏表紙に表示してあります<br>乱丁,落丁本はお取り替えします |
| | | 編集担当者　島田 義人 |
| ISBN978-4-7898-4676-9 | | DTP・印刷・製本　三晃印刷株式会社<br>Printed in Japan |